高素质农民培育
—— 系列读物 ——

燕麦荞麦
生产实用技术问答

任长忠　田长叶　陈庆富　主编

编辑人员

主　　编：任长忠　田长叶　陈庆富

编　　委：任长忠　赵桂琴　付晓峰　刘景辉
杨　才　金　涛　崔　林　赵　钢
赵世锋　刘彦明　李建疆　胡新中
常克勤　张永伟　吴　斌　陈庆富
王莉花　胡跃高　陕　方　田长叶
李再贵　李荫藩　刘根科　朝克图
熊仿秋　杨再清　吴银云　刘延香
雷生春　张新忠　常庆涛　郭来春

执　　笔：任长忠　田长叶　陈庆富　陈其皎
葛军勇　李云霞　陕　方　赵　钢
李再贵　王莉花　左文博　董占红
武永祯　赵世锋　曹丽霞　周洪友
张笑宇　孟焕文　高　卿　阴秀君
田媛媛

审　　稿：杨　才　崔　林　赵　钢　胡新中
陕　方　李再贵　陈庆富　郭来春
李云龙　葛军勇

内容提要

本书以问答的形式，对燕麦和荞麦生产中出现的主要知识和技术方面的问题进行了全面解答。燕麦部分118个问题，针对我国燕麦育种、生产及加工情况，重点介绍了皮、裸燕麦的优良品种，生长发育特性，以及良种繁育、高产栽培、病虫草害防治及食品加工等实用技术。荞麦部分122个问题，重点介绍了荞麦的种类及生物学特征、品种选育及良种繁育、优质高产栽培、病虫草害防治、食品加工等方面的知识和实用技术。可供大中院校学生、农技人员、企业从业人员、合作社成员、种植大户等相关人员参考。

前 言

燕麦是我国古老的传统作物之一，广泛在我国华北、西北、东北、西南高寒地区种植，是当地重要的粮食、饲料、饲草作物。栽培的燕麦有两个种，一是裸燕麦，也叫莜麦，以食用为主；另一种是皮燕麦，以饲用为主。我国是裸燕麦的起源地，具有丰富的裸燕麦种质资源和栽培经验。特别是 2000 年以来，我国燕麦科技工作者，在燕麦新品种选育、燕麦高产栽培技术、燕麦营养保健和医用价值等方面做了大量工作，培育成一批优质高产燕麦新品种，研究出具有较高实用价值的高产栽培技术，明确了燕麦在预防和控制高脂血症、糖尿病等方面的较好的药用功效，推动了我国燕麦产业的发展，取得了明显的经济和社会效益。

荞麦起源于我国西南地区，栽培驯化后向周边扩散，至今已近分布所有种植有粒用作物的国家。我国是荞麦的主要栽培国和主要出口国，是荞麦起源中心和遗传多样性中心，具有最多的荞麦种质资源和最长的荞麦栽培历史。主要栽培种类有甜荞（普通荞麦）、苦荞和金荞麦三种。前两者为一年生栽培粮食作物，后者多为药用。近 20 年来，荞麦遗传育种、栽培与病虫害防治、加工与营养保健等方面的研究均取得了显著的进展。

为了更好地向广大读者介绍燕麦和荞麦的实用技术，让更多的人了解燕麦和荞麦在食品、医疗和保健方面的作用，在国家燕麦荞麦产业技术体系的支持下，我们组织有关人员共同编写了这本实用技术问答。

本书内容涉及燕麦和荞麦营养与保健、生产与区划、品种选育和良种繁育、高产栽培、病虫草害防治及食品加工等多个方面。

本书主要由国家燕麦荞麦产业技术体系部分岗位专家和综合试验站相关科技人员撰写而成。自 2014 年年初接到编写任务即开始认真准备、收集资料，结合最近十几年来的燕麦荞麦产业进展，在广泛征求同行专家和审稿专家意见的基础上，几易其稿，终在 2020 年 5 月定稿。

本书在编写过程中，主要参考了《燕麦优质高产栽培技术与综合开发利用问答》及《荞麦生产 100 问》等书籍资料，在此向所有参阅资料的作者表示感谢。

由于编者水平有限，错误与疏漏之处，敬请读者批评指正。

编　者

2020 年 5 月 16 日

目 录

荞麦部分

附录1：燕麦田间试验的调查记载项目及标准

附录 2：荞麦田间试验的记载标准

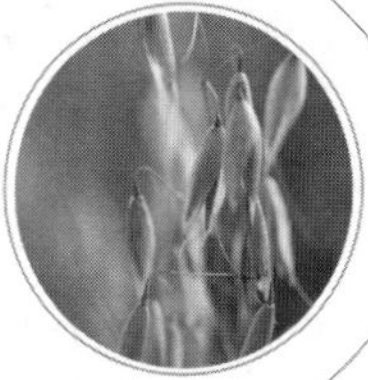

燕麦部分

一、发展燕麦生产的重要意义

1. 燕麦主要有哪些营养成分？食用价值如何？

在我国人民日常食用的 9 种粮食（小麦、稻米、小米、玉米、高粱、大麦、燕麦、荞麦、黄米）中，燕麦的蛋白质、脂肪、维生素、矿物元素、纤维素等五大营养指标均居首位。据中国医学科学院卫生研究所综合分析结果：

（1）蛋白质 燕麦粉（莜麦面）的蛋白质含量为 15.6%，比标准小麦粉高 65.8%，比籼米、粳米分别高 105.3%、132.8%，比玉米高 75.3%。而且其蛋白质中的氨基酸组成比较全面，人体不能自行合成但又必需的氨基酸含量比较高，每 100g 燕麦中，含赖氨酸 0.68g，缬氨酸 0.96g，苏氨酸 0.64g，亮氨酸 1.34g，蛋氨酸 0.23g，异亮氨酸 0.50g，色氨酸 0.21g，苯丙氨酸 0.86g。特别是赖氨酸的含量是小麦粉、籼米、粳米等 8 种主要粮食的 1.5～3 倍。近年来，国内外对谷物中的赖氨酸含量相当重视，认为提高粮食的营养价值主要是提高赖氨酸的含量，如果赖氨酸含量提高 0.2%～0.3%，可将营养价值提高 70%～80%，达到动物性食物标准。

（2）脂肪 燕麦粉的脂肪含量较高，是小麦、籼米、粳米、小米、玉米粉的2～12倍，其中亚油酸含量占脂肪酸含量的38.1%～52.0%。

(3) 释热量 每100g燕麦的释热量为1 634.4kg，均明显高于其他8种粮食。

(4) 纤维素 燕麦中的水溶性膳食纤维含量特别高。据报道，我国裸燕麦品种β-葡聚糖含量为2.5%～7.5%，比小麦粉、玉米面均高。

(5) 矿物元素 每100g燕麦粉中钙的含量为69.0mg，比小麦粉、大米、小米、玉米粉分别高2.0倍、5.5倍、2.3倍、1.5倍。磷、铁含量也均高于其他粮食。

此外，燕麦还含有所有谷类食粮中都缺少的皂苷（人参的主要成分）。据加拿大科学家试验，微量的皂苷与植物纤维结合，可使纤维具有吸附胆汁酸的性能，促使肝脏中的胆固醇转变为胆汁，被排出体外。由此可见，燕麦具有较高的营养价值和食用价值。

2. 燕麦具有哪些药用价值和保健功效？

关于燕麦的药用价值和保健功效，已被古今医学界所公认。据古书记载，裸燕麦可用于产妇催乳、婴儿发育不良及年老体衰等症。近20年来，中国、美国、加拿大、日本等国通过人体临床观察和动物试验，进一步证明燕麦具有以下药用价值及保健功效。

(1) 对高血脂症的预防和药用作用 据中国农业科学院作物品种资源研究所与北京18家医院的临床研究证明：裸燕麦能预防和治疗高血脂引起的心脑血管疾病，即服用裸燕麦3个月者（日服100g），可明显降低心血管和肝脏中的胆固醇、甘油三酯、β-脂蛋白含量，总有效率达87.2%。其疗效与冠心平（药物）无显著差异，且无毒副作用。

（2）对糖尿病的控制 燕麦蛋白质含量高，糖分含量低，是糖尿病患者的极好食物。因此，国际上在糖尿病的食物疗法中，普遍认为增加膳食纤维含量高的燕麦可延缓肠道对碳水化合物的吸收，降低餐后血浆葡萄糖水平的迅速提高，有利于糖尿病的控制。据北京协和医院对燕麦降糖研究，日服50g燕麦片代替其他50g主食者，在未接受膳食指导时，空腹血糖平均为（152.00±6.78）mg/ddL，经4个月的膳食合理控制后，空腹血糖值下降至（127.90±7.77）mg/ddL，达到控制尚好（＜130mg/ddL）的标准。糖化血红蛋白（HbA）均值降至（8.66±0.15)％（正常值为7.00％），均接近正常值。食燕麦2个月后，空腹血糖平均值为（129.70±8.48）mg/ddL，HbA均值为（8.79±0.19)％。实验前后空腹血糖及HbA无显著性差异，说明燕麦未能使血糖进一步下降，但服用燕麦后两项指标均控制在接近正常值的较好水平。

（3）对肥胖症的控制 1993年美国华盛顿州有一位39岁的糕点大王利德曼，血脂过高，体重150kg，总胆固醇324mg/dL，平时只能卧床不动。后来，医生让他每天吃2～3个燕麦麸饼(每个25g)，3个月后体重下降到125kg，胆固醇降至1.75mg/dL，效果非常显著。

（4）有助于提高记忆力 燕麦含有丰富的B族维生素、亚油酸等，而亚油酸是合成卵磷脂的主要成分，它可使大脑产生大量的乙酰胆碱。据研究发现，提高记忆力除靠积极地锻炼和掌握记忆的窍门外，也与B族维生素、乙酰胆碱等物质有关。因此，经常食用燕麦，可促使机体新陈代谢，有助于保持乐观的心态，有利于平衡中枢神经系统，还能缓慢释放能量，使人摆脱焦虑，精力充沛，特别是对提高青少年记忆力十分有利。

（5）有益于儿童的生长发育 燕麦中富含铁、锌等微量元素，完全能够满足幼儿成长发育阶段的需求。燕麦也是唯一含有

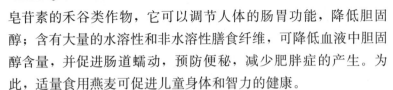

皂苷素的禾谷类作物，它可以调节人体的肠胃功能，降低胆固醇；含有大量的水溶性和非水溶性膳食纤维，可降低血液中胆固醇含量，并促进肠道蠕动，预防便秘，减少肥胖症的产生。为此，适量食用燕麦可促进儿童身体和智力的健康。

(6) 具有抗疲劳作用 我国燕麦主产区民谚“四十里的莜面三十里的糕，二十里的荞面饿断腰”，形容燕麦具有较强的抗疲劳作用。据西北农林科技大学研究，燕麦全粉高剂量组 21.44kg/(kg·d) 喂养小鼠1个月，使小鼠的游泳耐力极显著地增强，降低了血清尿素氮的含量，提高了小鼠体内的肝糖原含量，充分说明燕麦具有明显的抗疲劳作用。美国著名短跑运动员格林、游泳名将菲尔普斯的早餐食谱里都有燕麦粥，说明燕麦作为特殊人群食品具有重要意义。

随着人们生活的改善，人们对合理的食物结构予以极大的关注。近年来，营养学家提出“三高两低”的食物结构模式，即高蛋白质、高维生素、高纤维素、低脂肪、低糖，以促进人们的健康长寿。从粮食作物的营养成分比较，燕麦是较为理想的保健食物。

3. 燕麦在种植业上有何特殊地位?

燕麦是一种长日照、短生育期、积温要求较低的作物，适于我国北方地区日照较长、无霜期较短、气温较低的气候条件下种植，具有早熟、耐寒、抗旱、耐瘠、耐盐碱等特点。在西藏高原的干旱农区除种植青稞外，燕麦几乎是唯一可种植的作物，即使在不宜于玉米、谷子、小麦、大麦等作物种植的瘠薄旱坡地、沼泽地和盐碱地上，燕麦也能较好生长并可获得较好收成。在无霜期极短，无任何其他作物可种的高寒山区种植燕麦也能正常成熟。

燕麦生育期短，适宜播种期长，耗费地力少，适应性强，在我国不同地区可春播、夏播或秋播，在大面积生产中有调节播种期的作用。在北方干旱少雨、自然灾害较多的干旱或半干旱地区，燕麦是主要的备荒救灾作物。在夏燕麦区，用燕麦作前后茬或搭配作物，对增加复种指数，提高单位面积产量，合理进行作物布局、品种搭配等方面，较其他作物更有优势。总之，燕麦在抗灾保收、复种、轮作等方面占有相当重要的地位。

4. 燕麦在发展畜牧业上有什么重要作用?

燕麦既是我国高寒山区的主要粮食作物，又是优质的饲料、饲草作物。其茎叶多汁、柔嫩，适口性好；营养价值高，蛋白质、脂肪、可消化纤维含量均高于小麦、黑麦、谷子、玉米，而难以消化的纤维含量很少。据研究，裸燕麦茎秆中粗蛋白质含量为5.2%，粗脂肪含量为2.2%，无氮浸出物为44.6%；玉米秸秆分别为6.3%、1.2%和23.2%；小麦秸秆分别为3.2%、1.5%和34.6%。燕麦秸秆中难以消化的纤维素含量为28.2%，小麦秸秆、玉米秸秆中的含量分别为39.1%、33.1%。因此，燕麦秸秆是最好的饲草之一。据试验，用燕麦秸秆喂牛、马、羊，对奶牛和奶羊提高产乳量和奶的质量有明显的作用。近年来，我国奶牛场大量种植燕麦（干青燕麦秸）作为奶牛的饲草。

燕麦不但是大牲畜的优质饲草，而且籽粒也是优质饲料。用皮燕麦和裸燕麦的籽粒喂养幼畜、老畜、弱畜和重役畜，是增强体质、恢复牲畜膘情的主要措施。据加拿大科学家试验，燕麦籽粒中含有的亚油酸对提高家禽的产蛋量，增大禽蛋的体积，提高肉质都有明显的作用。用燕麦籽粒喂羊或猪，可提高瘦肉率和肉的质量。燕麦是能量特别高的优质饲料，每百克籽粒的释热量高达1 634.4kJ，是其他任何粮食作物难以相比的。因此，发展燕麦生产对产区畜牧业的发展具有十分重要的意义。

5. 燕麦的综合利用价值主要体现在哪些方面?

燕麦用途广泛，商品价值极高。以燕麦为原料制作的商品深受广大消费者的欢迎，因此，燕麦生产的发展前景十分广阔。除食用外，还在饲用、酿造、医药、造纸等领域被广泛利用。

在酿造方面：燕麦是酿造白酒、啤酒、醋的优良原料。以燕麦为原料酿造的燕麦酒大量进入市场，深受广大消费者的欢迎。

在饲用方面：目前国外生产的燕麦主要用于饲料，畜牧业发达的国家如加拿大、澳大利亚、美国、丹麦、荷兰等生产的皮燕麦80%用作饲料。我国以生产裸燕麦为主，饲用量占总生产量的20%左右，生产的燕麦秸秆全部用于大牲畜的过冬饲草。近年来，随着畜牧业的发展，市场对青燕麦草的需求直线上升，种植青燕麦草的面积逐年扩大。

在医药上：用燕麦提取的β-葡聚糖被广泛应用于医药和保健食品领域，也可用于饮料、化妆品等行业。此外，燕麦茎秆是造纸的优质原料，还可以编制草帽等工艺品。燕麦干青草可用来提取叶绿素、胡萝卜素。燕麦麸壳中含有多缩戊糖，可用于石油化工业。

6. 发展燕麦生产的前景如何?

燕麦具有较高的营养和保健作用，开发利用前景广阔，特别在我国北方的高寒山区，随着农村经济的发展和农业生产结构的调整，燕麦在农业生产中有着特殊的而不可替代的作用。具体表现为：燕麦的生产将不断发展，面积和产量逐步扩大和提高；随着燕麦食品加工业的发展，燕麦的商品价值会有所提高；城市人由于其生活水平较高，对营养和保健较为重视，这会不断增加对燕麦的需求；随着畜牧业的发展，燕麦秸秆和籽粒会被作为优质饲草、饲料加以充分利用。因此，发展燕麦生产具有十分广阔的前景。

二、我国燕麦生产概况与自然区划

7. 燕麦起源于什么地方?

燕麦的起源是指燕麦何时、何地由野生燕麦演化而成的。燕麦的多元起源学说早已被公认，一般认为不同种的燕麦起源于不同的地区，普通栽培燕麦、地中海燕麦起源于地中海，是由野红燕麦演化而来；阿比西尼亚燕麦起源于非洲，是由野生种瓦维洛夫燕麦进化而来；砂燕麦和短燕麦起源于地中海沿岸，二倍体野生种小硬毛燕麦是砂燕麦的祖先；裸燕麦起源于中国。

关于裸燕麦的起源及演化过程，苏联和美国科学家做过较详细的阐述。《育种理论》一书中提到："经常发现极其有趣的原始隐性类型，这是自交和突变的结果，裸粒是典型的隐性性状，大粒裸燕麦可能是从这些隐性性状中分离出来，并与中国古代育种者进行的选择有关。"《燕麦与燕麦改良》一书中提到："裸粒大粒型燕麦与欧洲栽培燕麦有关，其染色体数目相同，彼此间很容易杂交，通过同样的途径感染真菌，绝对来源于中国。"《世界育种基因资源》一书中提到："裸粒类型是地理特有类型，是在中国和蒙古的接壤地带发生突变产生，这个发源地可以认为是裸燕麦的初生基因中心。"1981 年中国农业科学院在西藏自治区山南、昌都地区采集到由野生燕麦向裸燕麦过渡类型的标本及古老的裸粒燕麦栽培种，这些研究均证明裸燕麦起源于中国。

8. 我国种植燕麦的历史有多久?

关于我国种植燕麦的历史，据《史记》记载，《司马相如列传》中在追述战国轶事中提到的"葥"，按孟康（三国广宗人，魏明帝时任弘农守）的注释："葥，禾也，似燕麦。"因为"葥"属于禾的范畴，故与稻、秫、菰、粱一样，同属于大宗栽培作物。由此可见，我国裸燕麦的种植历史至少已有 2 100 多年之久。据罗马学家普林尼（Pling The Elder，23—79 年）记载，欧洲种植燕麦的历史是公元前 1 世纪。因此，中国燕麦的栽培史略早于世界其他国家。

9. 国内外种植燕麦的主要类型有哪些？我国各地燕麦有哪些别名？

燕麦是禾本科燕麦属（*Avena*）的草本植物，是我国高寒山区古老的农作物，是产区重要的粮食、饲料、饲草作物。燕麦一般分为带稃型和裸粒型两大类。世界各国栽培的燕麦以带稃型为主，其中最主要的是栽培燕麦（*Avena sativa*），其次是东方燕麦（*A. orientalis*）、地中海燕麦（*A. byzantina*）。我国栽培的燕麦以裸粒型为主，常称裸燕麦（*A. nuda*）。

裸燕麦别名较多，在我国华北地区称之为“莜麦”；西北地区称之为“玉麦”；西南地区称之为“燕麦”，也称“莜麦”；东北地区称之为“铃铛麦”。

10. 燕麦是低产作物吗？

燕麦在世界禾谷类作物中，总产仅次于玉米、水稻、小麦、大麦、高粱，居第六位。我国燕麦年播种面积 1 000 万亩①左右，其中裸燕麦约占 92.0%，单产水平极不平衡，河北坝上地区公顷产量最高为 1 500kg，内蒙古和山西平均单产为 1 125kg/hm^2，云、贵、川高寒区平均单产为 750kg/hm^2 左右，产量普遍较低。其主要原因是大部分燕麦种植在高寒边远山区，这些地区土壤肥力低，耕作粗放，广种薄收。在这种无霜期短、缺水少肥、土壤瘠薄的旱坡地条件下，燕麦仍能顽强地生长并能获得一定产量，

---

① 亩为非法定计量单位，1 公顷=15 亩。

是其他禾谷类作物难以比拟的。

近年来，随着高产品种的不断推广和配套高产栽培技术的实施，燕麦单产大幅度提高，高产典型不断涌现。如内蒙古和林格尔县郭宝营村连续多年平均亩产保持在200kg以上。河北省张北县对口淖乡1989年种植100亩冀张莜4号，平均亩产量为301kg，1998年1 000亩生态工程示范田平均亩产250kg。1987年河北省张家口市坝上农业科学研究所种植2亩冀张莜2号，亩产达363.9kg。河北省张家口市200多万亩裸燕麦，平均亩产由过去的50kg左右上升到目前的100kg左右。2000年以来，张家口市大面积推广坝莜1号，使该区裸燕麦亩产稳定在150kg，其中崇礼区白旗乡和狮子沟乡万亩坝莜1号亩产超过300kg，并出现亩产402kg的高产纪录。2014年康保县良种场种植3.1亩坝莜18，平均亩产437.72kg，创全国裸燕麦高产纪录。山西省左云县，1974年25亩丰产田平均亩产257kg，其中5亩平均亩产281.5kg。浑源县1982年100亩丰产田平均亩产253kg，其中高产田块亩产达到319.3kg。朔州市从1995年开始，连续多年批量引进冀张莜4号、坝莜1号、坝莜3号裸燕麦新品种，使该区的裸燕麦产量由原来的亩产50kg左右，提高到200kg左右，并出现了亩产360kg的高产记录。据内蒙古自治区乌兰察布盟1979—1988年统计，全盟燕麦平均亩产比春小麦平均亩产高3.2kg。实践证明，裸燕麦并不是低产作物。

11. 我国哪些地区适合发展燕麦生产？其自然条件与品种有什么特点？

我国燕麦生产主要分布在华北、西北、西南及东北地区，产区之间的自然、地理条件相差悬殊，栽培制度、品种生态类型以及生产上存在的问题极不相同，形成了明显的自然区域。20世纪70年代以来，通过全国品种区域性试验和引种观察等，将我国燕麦的自然区域划分为2个主区、4个亚区：

(1) 北方春夏播燕麦区

①北方早熟燕麦亚区。内蒙古土默特平原（也叫土默川）、山西大同盆地和忻定盆地、河北张家口平川区为华北早熟燕麦区的主产区。据统计，这一地区历年种植面积约占全国燕麦播种面积的5%～7%。一般实行春季播种，夏季收获，故也称夏燕麦区。

该区地势平坦，海拔1 000m左右，土壤为石灰性冲积土和栗钙土，肥力较高。年降水量400mm左右，7～8月份占全年降水量的50%左右，年际、月际之间变化较大；年平均气温4～6℃，7月平均气温23℃左右，绝对高温可达35℃以上。

裸燕麦生育前期低温干旱，后期常遇高温逼熟，对籽粒灌浆、成熟有一定影响。因此，通常多采取早播（3月底4月初）的措施，以便利用返浆水获得全苗，避开7月份高温，防治青枯早衰。这一地区的裸燕麦品种表现春性强，分蘖力弱，抗寒、抗旱、抗倒性强，植株较矮，小穗与小花数量少，千粒重16～20g，早熟和中早熟品种居多，幼苗直立或半直立，生育期80～90d，代表品种有坝莜6号、白燕2号等。

②北方中、晚熟燕麦亚区。包括新疆中西部，甘肃贺兰山、六盘山南麓定西、临夏地区，青海湟水、黄河流域山区，陕西秦岭北麓、榆林、延安地区，宁夏固原地区（六盘山北麓），内蒙古阴山南北，山西晋北高原及太行山、吕梁山地区，河北坝上地区和坝下高寒山区，北京燕山山区及黑龙江大、小兴安岭南麓等。栽培面积约占全国播种面积的80%以上。一般为夏播秋收，故也称秋燕麦区。

该区地形复杂，海拔500～1 700m，土壤类型为森林黑钙土、草甸栗钙土至淡栗钙土。年降水量320～450mm，6～8月份降水占年降水量的70%左右；年平均气温2.5～6℃，≥10℃

的有效积温 1 500～2 400℃，年日照时数 2 500～3 000h。由于受大气环流的影响，该区干旱多风，春旱频繁。但该区降水高峰期与裸燕麦需水盛期相吻合，基本能满足裸燕麦对光、热、水的要求。这一亚区的燕麦分为 3 种类型：

丘陵山区旱地晚熟种：前期幼苗匍匐，分蘖力强，生长发育缓慢，拔节期不明显，进入雨季后迅速拔节，有候雨习性；植株高大，茎秆软弱，抗倒伏力差，叶片狭长而下垂，籽粒较大，千粒重 22～25g；5 月中、下旬播种，8 月底 9 月初收获，生育期 95～110d。

丘陵山区旱地早熟种：这一类型品种常作为备荒使用。它的一般性状与前一类型基本相似，不同之处是植株低矮，幼苗直立或半直立，灌浆迅速，千粒重 20g 左右，生育期 80d 左右。

滩川地中熟种：该类型品种因种植在水位较高、土壤肥力较高的地带或可以引洪灌溉，一般幼苗直立或半直立，叶片较短而宽，叶色绿或深绿；植株较高大，茎秆坚韧，抗倒伏力强，耐水肥，结实性良好，一般 5 月下旬播种，8 月底 9 月初收获，生育期 90d 左右。

（2）南方秋播燕麦区

①西南高山晚熟燕麦亚区。主要指云、贵、川的大、小凉山，川北的甘孜、阿坝，云南高黎贡山等地区。历年播种面积约占全国燕麦播种面积的 10%左右。

该区海拔多为 2 000～3 000m，年降水量 1 000mm 左右，年平均气温 5℃左右。这一类型区裸燕麦一生要经历 3 个不同的温度阶段，即从播种后，逐渐由高温走向低温，幼苗长期处于低温、短日照条件下，最低温度达－10℃左右，直至翌年初，气温急剧回升。其主要气候特点是昼夜温差不大，光照严重不足。品种特性是抗寒性强，抗旱性较强，抗倒性和抗落粒性差。其特征是叶片细长，幼苗长期匍匐，分蘖力较强，植株高大而茎秆软弱，千粒重15g左右。10月中、下旬播种，第二年6月中、下旬收获，全生育期220～240d。

②南方平坝晚熟燕麦亚区。是指云、贵、川大、小凉山的平坝地区。气候条件与高山晚熟燕麦亚区相近，其不同之处是土壤比较肥沃，耕作管理比较精细，水利条件好，是西南燕麦的高产区。品种的主要特点是幼苗匍匐期较长，生长发育较缓慢，叶片宽大，叶色深绿，剑叶稍直立，植株较高，茎秆较硬，抗倒伏力强，灌浆期较长，千粒重17g左右。全生育期200～220d。

三、燕麦主要优良品种介绍

12. 我国目前生产上种植的主要裸燕麦品种有哪些?

(1) 冀张莜4号

品种来源：河北省张家口市坝上农业科学研究所于1972年以永118为母本，华北2号为父本杂交选育而成。

特征特性：生育期88～97d。幼苗直立，苗色深绿，生长势强；株型紧凑，叶片上举，株高100～120cm，最高可达140cm；茎秆坚韧，抗倒伏力强；群体结构好，成穗率高；穗铃数13.4～30.3个，平均18.8个，平均穗粒数39.8粒，最高达60多粒，穗粒重0.34～1.13g，千粒重20.0～22.6g，籽粒长，浅黄色；抗旱，耐瘠，耐黄矮病性强，较抗坚黑穗病，适应性广；落黄好，口紧不落粒，增产潜力大。

产量表现：1983—1985年参加所内品种比较试验，3年平均产量2 965.20kg/hm^2，比对照冀张莜1号增产21.77%，增产极显著。1986—1988年参加全国旱地莜麦区域试验，3年26个点平均产量2 287.50kg/hm^2，居8个参试品种之首，比对照华北2号增产34.8%，增产极显著。1986—1988年进行生产鉴定，3年16个点平均产量1 584.75kg/hm^2，比对照增产26.17%。

1988年开始进行大面积示范，1996年示范推广面积达到了150多万亩。

栽培技术要点：适合在生产潜力1 500～3 000kg/hm^2的平滩地和肥坡地种植。较肥平滩地和二阴滩地5月20日左右播种，肥坡地和旱滩地5月25日左右播种，瘠薄旱坡地和沙质土壤5月底播种。瘠薄旱坡地播量112.5～120.0kg/hm^2，较肥旱坡地和旱滩地播量120.0～135.0kg/hm^2，较肥平滩地和二阴滩地播量150.0kg/hm^2左右。

（2）坝莜1号

品种来源：河北省高寒作物研究所（原张家口市坝上农业科学研究所）于1987年以冀张莜4号为母本，品系8061-14-1为父本，采用有性杂交系谱法培育而成。

特征特性：幼苗半直立，苗色深绿，生育期86～95d，属中熟型品种。株型紧凑，叶片上举，株高80～123cm；群体结构好，穗部性状好；周散型穗，短串铃，主穗小穗数20.7个，穗粒数57.5粒，穗粒重1.45g，籽粒长形，深黄色，千粒重24.8g；籽粒蛋白质含量15.60%，脂肪含量为5.53%，总纤维含量9.80%，β-葡聚糖含量4.63%～5.92%。该品种丰产稳产，适应性强，轻感黄矮病和燕麦坚黑穗病。

产量表现：一般产量2 250kg/hm^2。1992—1994年参加全国旱地莜麦区域试验，平均单产2 400kg/hm^2，比对照冀张莜1号增产21.7%，增产极显著。1995—1996年参加张家口市中熟旱地莜麦区域试验，2年平均单产2 475kg/hm^2，比对照品种冀张莜4号增产23.34%。1996—1997年在坝上进行生产鉴定试验，平均单产2 344.5kg/hm^2，比对照冀张莜4号增产20.15%。

栽培技术要点：适合生产潜力在2 250～3 000kg/hm^2的肥沃平地、坡地、阴滩地种植。在河北坝上地区适宜播期为5月25～30日，一般播量150～165kg/hm^2，基本苗数掌握在450万株/hm^{2}左右，阴滩地可适当增加播量。结合播种施种肥磷酸二铵105kg/hm^2。播种前5～7d用杀菌剂拌种，防治燕麦坚黑穗病。

(3) 坝莜3号

品种来源：河北省高寒作物研究所（原张家口市坝上农业科学研究所）于1993年以冀张莜2号为母本，品系8818－30为父本，采用有性杂交系谱法培育而成。

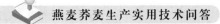

特征特性：幼苗直立，苗色深绿，生长势强，生育期95～100d，属中晚熟品种。株型紧凑，叶片上举，株高110～120cm，最高可达165cm，成穗率高，群体结构好；周散型穗，短串铃，主穗小穗数23.0个（最高达55.0个），穗粒数61.7粒（最高达142粒），穗粒重1.2g（最高达3.5g）；籽粒椭圆形，粒色浅黄，千粒重22.0～25.0g，带壳率0.1%；品质优良，籽粒粗蛋白质含量16.8%，粗脂肪含量4.9%，总纤维含量7.05%；抗倒、抗旱性强，适应性广，轻感坚黑穗病。

产量表现：1999年参加优质裸燕麦品系鉴定试验，平均产量2 966.3kg/hm^2，比对照冀张莜4号增产22.17%；2001年参加中熟旱地裸燕麦品种比较试验，产量为3 937.5kg/hm^2，居参试品种之首，比对照冀张莜5号增产5.0%。

2001—2002年参加河北省旱地裸燕麦品种区域试验，2年8试点平均产量为3 202.5kg/hm^2，比对照增产9.55%；2002年参加饲草用品种比较试验，干草平均产量为12 969.0kg/hm^2，居6个参试品种之首，比对照冀张莜6号增产31.8%。

2000—2002年参加全国旱地裸燕麦品种区域试验，以冀张莜4号为统一对照。3年11试点平均单产2 202.0kg/hm^2，居6个参试品种之首，比对照增产1.94%；平均产秸草4 884.0kg/hm^2，居参试品种之首，比对照增产13.8%。

2003年参加生产鉴定试验，河北省5个点平均单产

2 961.8kg/hm²，比对照坝莜 1 号增产 13.9%；内蒙古 3 个点平均单产 3 061.50kg/hm²，比当地主栽品种增产 13.9%。

栽培技术要点：选择生产潜力在 1 500～3 000kg/hm² 的旱滩地、肥坡地种植。在河北坝上地区旱滩地 5 月 20 日左右播种，肥坡地 5 月 25 日左右播种。旱滩地播量 120～150kg/hm²，基本苗数 375 万株/hm² 左右；肥坡地播量 112.5～135kg/hm²，基本苗数 300 万株/hm² 左右。结合播种施种肥磷酸二铵 45～75kg/hm²，拔节期结合中耕或趁雨追施尿素 75～150kg/hm²。播种前 5～7d 用杀菌剂拌种，防治燕麦坚黑穗病。

(4) 坝莜 5 号

品种来源：河北省高寒作物研究所于 1992 年以莜麦品种冀张莜 5 号为母本，753－17－3－1－1－3 为父本，采用品种间有性杂交系谱法培育而成，其系谱编号为 9244－6－9－1。2008 年 10 月通过河北省科学技术厅组织的鉴定，定名为坝莜 5 号。省级登记号：20082556。

特征特性：幼苗半直立，苗色深绿，生长势强，生育期 100d 左右，属中晚熟品种。株型紧凑，叶片上举，株高 110～140cm，最高可达 150cm，产草率高，一般每公顷产量可达 5 250kg 左右；周散型穗，短串铃，主穗铃数 18.9～24.0 个，主穗粒数 42.4～45.0 粒，主穗粒重 0.84～1.88g，千粒重 23～26g，籽粒椭圆形；茎秆坚韧，抗倒伏能力强，群体结构好，成穗率高；轻感黄矮病和燕麦坚黑穗病；口紧不落粒，抗旱耐瘠性强。适合河北省坝上瘠薄平滩地、旱坡地以及山西、内蒙古等同类型区种植。

产量表现：一般单产 1 500～2 250kg/hm²。2002—2003 年参加中晚熟旱地裸燕麦品种比较试验，两年平均产量为 3 199.2kg/hm²，比对照坝莜 1 号增产 10.06%；2004 年参加张家口市旱地裸燕麦生产鉴定，平均产量为 3 106.1kg/hm²，比对照坝莜1号增产10.08%。

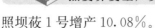

栽培技术要点：选择地力水平1 500～2 250kg/hm^{2}的旱坡地、旱平地种植，适宜播期为5月15～25日。一般旱地播量135～150kg/hm^2，每公顷苗数375万～450万株。播种前5～7d用杀菌剂拌种，防治燕麦坚黑穗病，结合播种施磷酸二铵75kg/hm^2、尿素30kg/hm^{2}做种肥。

（5）坝莜6号

品种来源：河北省高寒作物研究所于1988年以7613－25－2为母本，7312为父本，通过品种间有性杂交系谱法培育而成，其系谱号为8836－1－1。2008年10月通过河北省科学技术厅组织的鉴定，定名为坝莜6号，省级登记号：20082558。

特征特性：幼苗半直立，苗色深绿，生育期80d左右，属早熟品种。株型紧凑，叶片上举，株高80～90cm。成穗率高，群体结构好；周散型穗，短串铃，主穗平均小穗数21.2个，穗粒数54.1粒，铃粒数2.55粒，穗粒重1.21g；籽粒椭圆形，浅黄色，千粒重20～23.5g，粗蛋白质含量14.2%，粗脂肪含量3.58%。该品种高产抗倒，适合河北坝上肥力较高的平滩地和下湿阴滩地种植。

产量表现：2004—2005年参加张家口旱地燕麦品种区试，平均单产3 150kg/hm^2，居参试品种之首，比对照冀张莜2号增产18.29%，增产显著；2006—2007年参加生产试验，平均产量3 436.5kg/hm^2，比对照冀张莜2号增产17.49%。

栽培技术要点：选择生产潜力在3 000kg/hm^{2}以上的肥沃平滩地、二阴滩地种植。在河北省坝上地区适宜播种期为5月底6月初，一般播量150～187.5kg/hm^2，基本苗数掌握在450万株/hm^{2}左右。结合播种施种肥磷酸二铵60～75kg/hm^2，于分蘖期追施尿素75～150kg/hm^2。播种前5～7d用杀菌剂拌种，防治燕麦坚黑穗病。

(6) 坝莜8号

品种来源：河北省高寒作物研究所、中国农业科学院作物科学院研究所于1997年用裸燕麦高代品系品2号为母本，8711-40-3为父本，采用裸燕麦品种间有性杂交系谱培育而成，其系谱号为9752-1-2-1-3。2013年10月通过河北省科学技术厅组织的鉴定，定名为坝莜8号，省级登记号：20132743。

特征特性：该品种幼苗半直立，苗绿色，生育期92.8d，属中熟品种；株型中等，株高86.0～106.6cm；周散型穗，短串铃，内颖为白色；主穗小穗数24.1个，穗粒数55.9粒，穗粒重1.53g，千粒重22.9g，籽粒浅黄色、卵圆形；生长整齐，口紧不落粒，群体结构好，成穗率高；籽粒粗蛋白质含量14.51%，粗脂肪含量5.71%，β-葡聚糖含5.42%；抗旱抗倒性较强，适应性广，不抗燕麦冠锈病和燕麦坚黑穗病。适合河北省坝上地区及其他同类型区的旱坡地、旱平地、阴滩地种植。

产量表现：一般单产2 250kg/hm^2。2005—2006参加品种比较试验，两年平均产量2 985kg/hm^2，居参试品种之首，比对照冀张莜4号增产34.92%，比坝莜1号增产17.06%，比坝莜3号增产13.71%。2007—2008年参加河北省裸燕麦品种区域试验，两年平均产量2 910.75kg/hm^2，比对照冀张莜4号增产19.05%，比坝莜1号增产8.39%。2006—2007年参加全国裸燕麦品种区域试验，以坝莜3号为对照，两年平均产量2 104.05kg/hm^2，比对照增产9.07%。2009年参加河北省裸燕麦品种生产试验，平均产量3 025.5kg/hm^2，平均比对照坝莜1号增产18.72%。

栽培技术要点：选择生产潜力在1 500kg/hm^{2}以上的旱坡地、旱平地、阴滩地种植。在河北省坝上地区阳坡地和沙质土壤地5月25日至6月5日播种，肥坡地和旱滩地5月20～31日播种，坝头冷凉区和二阴滩地5月20～25日播种。瘠薄旱坡地和沙质土壤地播量105～120kg/hm²，基本苗数300万～375万株/hm²；肥坡地和滩地播量135～150kg/hm²，基本苗数300万～375万株kg/hm²；坝头冷凉区和阴滩地播量150～165kg/hm²，基本苗数375万株/hm²。结合播种施种肥磷酸二铵75～112.50kg/hm²，于分蘖至拔节期结合中耕或趁雨追施尿素75～150kg/hm²。在播种前5～7d用杀菌剂拌种，防治燕麦坚黑穗病。当麦穗由绿变黄，穗子中上部籽粒变硬时进行收获。

（7）坝莜9号

品种来源：河北省高寒作物研究所采用皮、裸燕麦种间复合杂交与花粉管通道导入外源DNA法相结合培育而成。1994年以9034-10-1（皮燕麦永73-1×578）为母本，906-38-2（小46-5×皮燕麦永118）为父本进行杂交，1998年用其杂交后代株系9413-25-2为受体，经花粉管通道导入耐旱基因，从其后代中选出品系986D-141-1。2008年10月通过河北省科学技术厅组织的鉴定，定名为坝莜9号，省级登记号：20082557。

特征特性：幼苗直立，苗色深绿，生长势强，生育期80～85d；株型紧凑，叶片上冲，株高85～120cm；周散型穗，短串铃，主穗小穗数29.5个，穗粒数60.6个，穗粒重1.8g，千粒重25.1g；籽粒整齐，粒色浅黄，粒形椭圆；籽粒粗蛋白质含量15.8%，粗脂肪含量7.5%，β-葡聚糖含量6.0%。抗旱、抗病（黄矮病、秆锈病、黑穗病）、抗倒性强，增产潜力大，是一个优质加工型的裸燕麦品种。适合河北省坝上地区及其他省区同类型区的旱坡地、旱平地、阴滩地种植。

产量表现：该品种一般单产2 250kg/hm²以上。2003—2004年参加品种比较试验，两年平均产量为3 390.0kg/hm²，比对照冀张莜2号增产18.45%，增产极显著；2004—2005年参加张家口裸燕麦品种区域试验，两年平均产量为2 905.2kg，比对照增产9.09%；2006—2007年参加生产试验，两年平均产量为3 246.9kg，比对照增产 11.30%。

栽培技术要点：选择生产潜力在 3 000kg/hm^2 以上的阴滩地和水浇地种植。在河北省坝上地区 6 月 5～10 日播种，坝头冷凉区 5 月底 6 月初播种。一般平滩地播量 135～150kg/hm^2，基本苗 300 万～375 万株/hm^2；阴滩地和水浇地播量 150～180kg/hm^2，基本苗 375 万～450 万株/hm^2。结合播种施种肥磷酸二铵 60～75kg/hm^2；一般平滩地和阴滩地于分蘖期至拔节期结合中耕或趁雨追施尿素 75～150kg/hm^2，水浇地于分蘖至拔节期结合浇水追施尿素 75～150kg/hm^2。播前 5～7d 用杀菌剂拌种，防治燕麦坚黑穗病。

(8) 晋燕 12

品种来源：1992 年用裸燕麦晋燕 7 号做母本，皮燕麦 Marion 做父本杂交，经多年连续单株选择培育而成（原编号 8914）。

特征特性：幼苗直立，苗色深绿，中熟，生育期 90～105d；株高 105～125cm，周散圆锥花序，穗长 18～20cm，轮层数 6.5，主穗小穗数 20.0 个，穗粒数 54.0 粒，穗粒重 1.20g，千粒重 28.0g，粒大饱满。

产量表现：1999—2001 年参加品比试验，产量为 2 655.0kg/hm^2，比对照晋燕 8 号增产 13.2%；2002—2003 年参加生产试验，平均产量为 1 789.5kg/hm^2，比对照增产 14.8%。

栽培技术要点：适宜播期 5 月中下旬，一般旱地每公顷苗数 450 万株，高肥力旱滩地 600 万株。结合播种施农家肥 22 500kg/hm^2，硝酸铵 150kg/hm^2 做种肥，在分蘖后期至拔节阶段，结合降水追施尿素 300kg/hm^2。

(9) 草莜 1 号

品种来源：内蒙古农业科学院用 578 为母本，赫波 1 号为父本杂交选育而成，并于 2002 年经内蒙古自治区农作物品种审定委员会办公室认定通过。

特征特性：幼苗直立，苗色深绿，生育期 100d；株高 130cm 左右，周散型穗，小穗串铃形，穗长 25.0cm 左右，主穗小穗数 20.0 个，穗粒数 60.0 粒，穗粒重 1.10g，千粒重 24.0g。

产量表现：一般产量为 2 250～3 750kg/hm^2，籽实蛋白质含量 15.70%，脂肪含量 6.10%。

栽培技术要点：播前平整土地，播量 120～150kg/hm^2，每公顷施有机肥 22 500～30 000kg、磷酸二铵 45～150kg/hm^2 及适量钾肥，与种子混施，追施尿素 45kg/hm^2，播种深度一般为 4～7cm。

(10) 燕科 1 号

品种来源：内蒙古农业科学院以 8115－1－2 为母本，鉴 17 为父本杂交育成的旱地高产品种，并于 2002 年经内蒙古自治区农作物品种审定委员会办公室认定通过。

特征特性：生育期 95d，中熟品种。株高 100cm，群体结构好，穗部性状好，周散型穗，小穗串铃形，穗长 20.0cm，主穗小穗数 30.0 个，穗粒数 70.0 粒，穗粒重 1.00～1.50g，千粒重 21.0g，籽粒纺锤形，黄色，蛋白质含量 13.60%，脂肪含量 7.60%；优质、抗旱、抗倒，稳产性好，适合旱滩地、旱坡地种植。

产量表现：品比试验，平均产量为 2 961.0kg/hm^2，最高产量为 3 805.5kg/hm^2，平均比对照增产 29.4%。1997 年进行示范推广，旱滩地平均产量为 3 750.0kg/hm^2，比对照增产 12.6%；旱坡地平均产量为 1 360.5kg/hm^2，比对照增产 27.4%；1998 年旱滩地平均产量为 3 090.0kg/hm^2，比对照增产 12.9%；旱坡地平均产量为 2 257.5kg/hm^2，比对照增产 238.7%。

栽培技术要点：播前平整土地，播量 120～150kg/hm^2，施有机肥 22 500～30 000kg/hm^2、磷酸二铵 45～150kg/hm^2 及适量钾肥，与种子混施，追施尿素 45kg/hm^2，播种深度一般为 4～7cm。

(11) 定莜 1 号

品种来源：甘肃省定西市旱作农业科研推广中心用 955 作母本、小 465 作父本杂交选育而成。1996 年通过甘肃省农作物品种审定委员会审定，原系号 7916－22。

特征特性：幼苗绿色，呈直立状，圆锥花序，株高 80～115cm；周散型穗，穗长 18.59～21.9cm，小穗数 16.9～36.5 个，穗粒数 35.6～75.7 粒，穗粒重 0.74～1.64g，千粒重 15.6～24.3g，容重 638～657g/L，籽粒长筒形；抗倒伏，抗旱性较强，个别年份有轻微的坚黑穗病，红叶病秋季较抗、春季表现感病；籽粒含粗蛋白 18.38%，赖氨酸 0.75%，粗脂肪 8.58%。

产量表现：1991—1993 年在省区试中，3 年平均产量为 1 891.5kg/hm^2，较对照增产 9.4%。1994 年进行示范试验，在定西西寨、团结、青岚，会宁党岘，渭源秦祁，漳县武当，中国科学院兰州沙漠研究所河北坝上治沙站等地共种植 1.53hm^2，平均产量2 019.9kg/hm^2，较对照增产 23.29%。

栽培技术要点：选择小麦或马铃薯茬，基施有机肥 15 000～37 500kg/hm^2，氮、磷、钾配施比为 1∶0.75∶(0.6～0.7)。播期 4 月上中旬，抢墒播种，播深 5～7cm，播种量 90～120kg/hm^2。播种前 7d，每 100kg 种子用 0.2%拌种霜 200g 进行药剂拌种，以防治坚黑穗病；5 月下旬至 6 月上中旬，用 40%乐果乳油或 80%敌敌畏稀释 800～1 000 倍液喷雾防蚜，预防红叶病发生。适合年降水量 340～500mm，海拔 1 400～2 400m 干旱及半干旱二阴区种植，特别适合海拔 2 000m 左右的干旱及半干旱地区推广种植。

(12) 定莜 2 号

品种来源：甘肃省定西市旱作农业科研推广中心用永 75 作母本、比利时燕麦作父本杂交选育而成。1993 年通过甘肃省农作物品种审定委员会审定，原系号79－3－13。

特征特性：幼苗绿色，呈直立状，植株高大。周散型穗，圆锥花序，小穗串铃形，穗长17.7～26.7cm，小穗数17.0～32.0个，穗粒数37.0～72.0粒，穗粒重0.70～1.59g，千粒重19.6～23.9g，容重650.3g/L，籽粒饱满；抗倒伏，抗坚黑穗病，高抗红叶病；籽粒含粗蛋白19.91％，赖氨酸0.85％，粗脂肪7.66％，β－葡聚糖4.35％。

产量表现：1988—1990年在地区区试中，平均产量1 970.1kg/hm^2，较对照增产30.6％；较全国区试对照华北2号和冀张莜1号平均增产9.0％；1989—1991年参加全国区试，平均产量1 807.5kg/hm^2，较对照冀张莜1号增产10.2％，居第四位。

栽培技术要点：选择小麦或马铃薯茬，基施有机肥15 000～30 000kg/hm^2，氮、磷、钾配施比1∶(0.7～1.0)∶0.8。播期4月上中旬，抢墒播种，播深5～7cm，播籽量90～120kg/hm^2。播种前7d，每100kg种子用0.2％拌种霜200g进行药剂拌种，以防治坚黑穗病；5月下旬至6月上中旬，用40％乐果乳油或80％敌敌畏稀释800～1 000倍液喷雾防蚜，预防红叶病发生。适合年降水量340～500mm，海拔1 400～2 400m干旱及半干旱二阴区种植，国内同类地区均可推广种植。

(13) 定莜3号

品种来源：甘肃省定西市旱作农业科研推广中心用955作母本、小465作父本杂交选育而成。1998年通过甘肃省农作物品种审定委员会审定，原系号79－16－29。

特征特性：幼苗直立，叶片绿色，株高80～115cm。周散型穗，轮层数5～6层。穗长18.6～21.9cm，小穗数16.5～36.5个，穗粒数35.6～75.7粒，千粒重15.6～24.3g，籽粒淡黄色，长筒形。耐旱性强，轻感坚黑穗病。籽粒含β－葡聚糖5.06％，粗蛋白18.38％，赖氨酸0.75％，粗脂肪8.58％。生育期

100～105d。

产量表现：在1991—1993年全省裸燕麦区试中，平均产量1 890.9kg/hm^2，较对照高719增产9.4%。

栽培技术要点：3月25日至4月20日播种，播种量90～105kg/hm^2；播种前7d，每100kg种子用0.2%拌种霜200g进行药剂拌种，以防治坚黑穗病。5月下旬至6月上中旬，用40%乐果乳油或80%敌敌畏稀释800～1 000倍液喷雾防蚜，预防红叶病发生。适合年降水量340～500mm，海拔1 400～2 400m干旱及半干旱二阴区种植，干旱地区可作为抗旱品种推广。

(14) 定莜4号

品种来源：甘肃省定西市旱作农业科研推广中心用宁远裸燕麦作母本、73014作父本杂交选育而成，并于2001年通过甘肃省农作物品种审定委员会审定，原系号8309-6。

特征特性：幼苗绿色，呈直立状，株高87～145cm；周散型穗，圆锥花序，内外颖黄色，轮层数4～6层；穗长18.3～23.7cm，小穗数10.5～26.0个，穗粒数40.9～70.5粒，穗粒重1.16～1.48g，千粒重20.9～28.0g，容重644g/L，籽粒淡黄色，长筒形；籽粒含粗蛋白22.12%，赖氨酸0.77%，粗脂肪6.66%，β-葡聚糖4.51%。抗旱性强，抗坚黑穗病，红叶病轻。

产量表现：在1994—1996年的省区试中，3年平均产量1 728.0kg/hm^2，较对照定莜1号增产9.3%，居第一位。

栽培技术要点：选择小麦或马铃薯茬，施有机肥15 000～37 500kg/hm^2，氮、磷、钾配施比例为1∶0.75∶0.7；播期4月上中旬，抢墒播种，播深5～7cm，旱坡地播种量90～120kg/hm^2，梯田、川旱地播种量120～150kg/hm^2。播种前7d，每100kg种子用0.2%拌种霜200g进行药剂拌种，以防治坚黑穗病；5月下旬至6月上中旬，用40%乐果乳油或80%敌敌畏稀释800～1 000倍液喷雾防蚜，预防红叶病发生。适合年降水量

340～500mm，海拔 1 400～2 400m 干旱及半干旱二阴区种植，干旱地区可作为抗旱品种推广。

（15）定莜 5 号

品种来源：甘肃省定西市旱作农业科研推广中心用 955 作母本、小 465 作父本杂交选育而成。2008 年通过甘肃省农作物品种审定委员会审（认）定，原系号 79－16－29，审（认）定编号：甘认麦 2008004。

特征特性：生育期 96～105d，中熟。幼苗绿色，呈直立状，株高 67～114cm。周散型穗，圆锥花序，内外颖黄色，轮层数 5～6 层；穗长 17.3～25.4cm，小穗数 11.0～25.4 个，穗粒数 41.0～70.9 粒，穗粒重 0.75～1.39g，单株粒数 41.0～70.9 粒，单株粒重 0.75～1.39g，千粒重 17.6～22.8g，容重 614g/L，籽粒淡黄色，长卵形。在 1997 年和 2000 年特大干旱年份，表现出极强的抗旱性，抗坚黑穗病，红叶病轻；籽粒含粗蛋白 19.60%，赖氨酸 0.88%，粗脂肪 7.32%，β－葡聚糖 4.22%，灰分 2.22%。

产量表现：2002—2003 年在定西市旱作农业科研推广中心种植 0.033hm^2，平均产量 1 824.0kg/hm^2，较对照定莜 1 号增产 11.9%；在定西市安定区唐家堡种植 0.27hm^2，平均产量为 2 841.0kg/hm^2，较对照增产 11.8%；在定西市安定区华家岭种植 0.33hm^2，平均产量为 1 955.3kg/hm^2，较对照增产 12.9%；在定西市安定区香泉后湾种植 0.133hm^2，平均产量 2 634.0kg/hm^2，较对照增产 8.9%；在定西市安定区黑山种植 0.167hm^2，平均产量 2 211.0kg/hm^2，较对照增产 14.9%。3 年 6 点次平均产量 2 237.25kg/hm^2，较对照增产 10.7%。

栽培技术要点：选择小麦或马铃薯茬，基施有机肥 15 000～37 500kg/hm^2，尿素、磷酸二铵各 75kg/hm^2 作种肥，氮、磷、钾配施比 1∶0.7∶（0.6～0.7）。播期 4 月上中旬，抢墒播种，播深5～7cm，播种量75～119kg/hm^2；旱坡地播种量75.2～85.5kg/hm^2，梯田、川旱地播种量85.5～119.7kg/hm^2。播前7d，每100kg种子用0.2%拌种霜200g进行药剂拌种，以防治坚黑穗病；5月下旬至6月上中旬，用40%乐果乳油或80%敌敌畏稀释800～1 000倍液喷雾防蚜，预防红叶病发生。适合年降水量340～500mm，海拔1 400～2 400m干旱及半干旱二阴区种植，干旱地区可作为抗旱品种推广。

(16) 定莜6号

品种来源：甘肃省定西市旱作农业科研推广中心用7633-112-1作母本、蒙燕146作父本杂交选育而成。2008年通过甘肃省农作物品种审定委员会审（认）定，原系号9103-18，审（认）定编号：甘认麦2008005。

特征特性：生育期85～113d，中熟。幼苗绿色，呈直立状，株高66～120cm，周散型穗，圆锥花序，内外颖黄色，轮层数4～6层；穗长13.0～26.5cm，小穗数19.7～29.2个，穗粒数31.0～59.8粒，穗粒重0.67～1.28g，单株粒数36.4～70.5粒，单株粒重0.70～1.31g，千粒重17.6～22.8g，容重613g/L，籽粒淡黄色，长筒形。在1997年和2000年特大干旱年份，表现出极强的抗旱性，抗坚黑穗病，红叶病轻。籽粒含粗蛋白20.86%，赖氨酸0.89%，粗脂肪7.25%，β-葡聚糖4.19%，灰分2.22%。

产量表现：2002—2003年两年6点次平均产量为2 022.6kg/hm^2，较对照定莜1号增产14.1%。

栽培技术要点：选择小麦或马铃薯茬，基施有机肥15 000～37 500kg/hm^2，硝酸铵（或尿素）、磷酸二铵各75kg/hm^{2}作种肥，氮、磷、钾配施比1∶0.7∶(0.6～0.7)。播期4月上中旬，抢墒播种，播深5～7cm，旱坡地播种量75.2～85.5kg/hm^2，梯田、川旱地播种量85.5～119.7kg/hm^2。播前7d，每100kg种子用0.2%拌种霜200g进行药剂拌种，以防治坚黑穗病。5月下旬至6月上中旬，用40%乐果乳油或80%敌敌畏稀释800～1 000倍液喷雾防蚜，预防红叶病发生。适合年降水量340～500mm，海拔1 400～2 400m干旱及半干旱二阴区种植，干旱地区可作为抗旱品种推广。

(17) 定莜7号

品种来源：甘肃省定西市旱作农业科研推广中心用高8-21作母本、4442-1作父本杂交选育而成。2010年通过甘肃省农作物品种审定委员会审（认）定，原系号8652-3，审（认）定编号：甘认麦2010007。

特征特性：中熟品种，生育期101d。幼苗绿色，呈直立状，株高73～140cm。周散型穗，圆锥花序，穗长21.2～27.1cm，穗粒数58.5粒，千粒重22.1g，容重622.3g/L；经济性状优，丰产、稳产性好，籽粒呈淡黄色，长筒形。抗倒伏，抗旱性强，个别年份有轻微的坚黑穗病，红叶病轻。籽粒含粗蛋白19.05%，β-葡聚糖4.79%，粗脂肪7.32%，赖氨酸0.96%。

产量表现：2004—2006年参加定西地区区域试验，3年15个位点平均产量为1 401.9kg/hm²，较对照定莜1号增产17.26%；2006—2008年多点示范，11个位点平均产量为1 972.5kg/hm²，较对照定莜4号增产20.9%。

栽培技术要点：选择小麦或马铃薯茬，避免重茬，基施有机肥15 000～37 500kg/hm²，硝酸铵（或尿素）、磷酸二铵各75kg/hm²作种肥，氮、磷、钾配施比1∶0.7∶(0.6～0.7)。播期4月上中旬，抢墒播种，播深5～7cm，旱坡地播种量75.2～85.5kg/hm²，梯田、川旱地播种量85.5～119.7kg/hm²。播前7d，每100kg种子用0.2%拌种霜200g进行药剂拌种，以防治坚黑穗病。5月下旬至6月上中旬，用40%乐果乳油或80%敌敌畏稀释800～1 000倍液喷雾防蚜，预防红叶病发生。适合在年降水量340～500mm，海拔1 400～2 600m的干旱及半干旱二阴区种植，特别适合海拔2 000～2 600m的安定、通渭、陇西、漳县、岷县和白银市会宁，宁夏固原，青海平安及国内同类地区推广种植。

(18) 定莜8号

品种来源：甘肃省定西市旱作农业科研推广中心用8626-2作母本、新西兰作父本杂交选育而成。2011年通过甘肃省农作物品种审定委员会审（认）定，原系号9626-6，审（认）定编号：甘认麦2011003。

特征特性：春性中熟品种，生育期106～117d。幼苗绿色，呈直立状，株高117～126cm。周散型穗，圆锥花序，穗长21.32～25.0cm，主穗铃数23.6个，单株粒数98.6粒，单株粒重2.12g，千粒重20.9g，容重652.3g/L。经济性状优，丰产、稳产性好，籽粒呈淡黄色，长筒形。抗旱性强，较抗红叶病，抗坚黑穗病。籽粒含粗蛋白20.58%，β-葡聚糖4.91%，粗脂肪6.61%，粗纤维19.0%，赖氨酸0.75%，灰分2.89%。

产量表现：2006—2008年参加全省联合区域试验，3年平均产量2 259.9kg/hm^2，较对照增产23.9%。

栽培技术要点：选择小麦或马铃薯茬，以豆茬最好，避免重茬，基施有机肥15 000～37 500kg/hm^2，硝酸铵（或尿素）、磷酸二铵各75kg/hm^{2}作种肥，氮、磷、钾配施比1∶0.7∶(0.6～0.7)。播期4月上中旬，抢墒播种，播深5～7cm，旱坡地播种量75.2～85.5kg/hm^2，梯田、川旱地播种量85.5～119.7kg/hm^2。播前7d，每100kg种子用0.2%拌种霜200g进行药剂拌种，以防治坚黑穗病。5月下旬至6月上中旬，用40%乐果乳油或80%敌敌畏稀释800～1 000倍液喷雾防蚜，预防红叶病发生。适合年降水量340～500mm，海拔1 400～2 600m的干旱及半干旱二阴区种植，特别适合海拔2 000～2 600m的安定、通渭、陇西、漳县、岷县和白银市会宁，甘南藏族自治州卓尼县及国内同类地区推广种植。

（19）白燕1号

品种来源：吉林省白城市农业科学院选育，2003年1月通过吉林省农作物品种审定委员会审定。

特征特性：春性，幼苗直立，深绿色，分蘖力较强，株高103.2cm。早中熟品种，生育期83d左右，可以进行下茬复种。穗长13.4cm，侧散型穗，小穗串铃形，颖壳白色，主穗小穗数27.2个，主穗粒数73.6个，主穗粒重1.40g；籽粒卵圆形，浅黄色，表面光洁，无绒毛，属于小粒型品种，千粒重14.2g，容重704.2g/L；籽粒蛋白质含量18.17%，脂肪含量5.31%；灌浆期全株蛋白质含量11.39%，粗纤维含量为26.42%；收获后干秸秆蛋白质含量4.67%，粗纤维含量34.88%。经白城市农业科学院和白城市植保站田间鉴定，未见病害发生。抗逆性强，根系发达，秆强抗倒伏。

产量表现：产量高，2002年区域试验产量为3 969.9kg/hm^2，生产试验产量为3 897.6kg/hm^2。

栽培技术要点：一般春播在3月下旬至4月初播种，播种量100kg/hm^2。每公顷施种肥磷酸二铵100kg，结合三叶水，公顷追施尿素150kg。适合吉林省西部地区具备水浇条件中等以上肥力的土地种植。收获时应注意其小穗口略松。

（20）白燕2号

品种来源：吉林省白城市农业科学院选育。2003年1月通过吉林省农作物品种审定委员会审定。

特征特性：春性，幼苗直立，深绿色，分蘖力较强，株高99.5cm。早熟品种，生育期81d左右，可以进行下茬复种。穗长19.0cm，侧散型穗，小穗串铃形，颖壳黄色，主穗小穗数10.5个，主穗粒数39.3个，主穗粒重1.11g，活秆成熟，籽粒纺锤形，浅黄色，表面光洁，千粒重 30.0g，容重 706.0g/L。籽粒蛋白质含量 16.58%，脂肪含量 5.61%；灌浆期全株蛋白质含量 12.11%，粗纤维含量 27.40%；收获后干秸秆蛋白质含量 5.12%，粗纤维含量 34.95%。经白城市农业科学院和白城市植保站田间鉴定，未见病害发生。根系发达，抗旱性强，活秆成熟，粮草饲兼用。

产量表现：产量高，2002 年区域试验产量为2 506.2kg/hm^2，生产试验产量为 2 473.8kg/hm^2。

栽培技术要点：一般春播在 3 月下旬至 4 月初播种，播种量 220kg/hm^2。每公顷施种肥磷酸二铵 100kg，硝酸铵 150kg，主要用于旱地种植，有条件可以适当灌水。适合吉林省西部地区中等以上肥力的土地种植。注意水肥过高易倒伏。

(21) 白燕 3 号

品种来源：吉林省白城市农业科学院选育，2003 年 1 月通过吉林省农作物品种审定委员会审定。

特征特性：春性，幼苗直立，深绿色，株高 80.6cm，茎秆较强。极早熟品种，生育期 76d 左右，可以进行下茬复种。穗长 15.0cm，侧散型穗，小穗串铃形，颖壳白色，主穗小穗数 25.8 个，主穗粒数 67.5 个，主穗粒重 1.21g，籽实纺锤形，浅黄色，表面光洁，千粒重 23.7g，容重 688.0g/L。籽粒蛋白质含量 18.17%，脂肪含量 5.40%；灌浆期全株蛋白质含量 11.47%，粗纤维含量 25.47%；收获后干秸秆蛋白质含量 4.18%，粗纤维含量 35.56%。经白城市植保站田间鉴定，未见病害发生。抗逆性强，根系发达，秆强抗倒伏。

产量表现：产量高，2002 年区域试验产量为3 218.8kg/hm^2，生产试验产量为 3 185.6kg/hm^2。

栽培技术要点：一般春播在 3 月下旬至 4 月初播种，播种量 200kg/hm^2。每公顷施种肥磷酸二铵 100kg，结合三叶水，公顷追施尿素 150kg。适合吉林省西部地区具备水浇条件的中等以上肥力的土地栽培。注意晚收遇大风易落铃。

(22) 白燕 4 号

品种来源：吉林省白城市农业科学院选育。2003 年 1 月通过吉林省农作物品种审定委员会审定。

特征特性：春性，幼苗直立，深绿色，株高 107.0cm，茎秆较强。中熟品种，生育期 83d 左右，可以进行下茬复种。穗长 19.8cm，侧散型穗，小穗串铃形，颖壳白色，主穗小穗数 22.3 个，主穗粒数 40.5 个，主穗粒重 1.05g，籽实纺锤形，浅黄色，表面光洁，无绒毛，外观性状极佳，千粒重 27.5g，容重 684.2g/L。籽粒蛋白质含量 18.34%，脂肪含量 5.52%；灌浆期全株蛋白质含量 11.82%，粗纤维含量 27.40%；收获后干秸秆蛋白质含量 4.21%，粗纤维含量 36.14%。经白城市农业科学院和白城市植保站田间鉴定，未见病害发生。抗旱、抗逆性强，根系发达，早熟，抗倒伏，水旱兼用。

产量表现：高产、优质，籽粒外观性状好。2002 年区域试验产量为 2 561.7kg/hm^2，生产试验产量为 2 456.0kg/hm^2。

栽培技术要点：一般春播在 3 月下旬至 4 月初播种，播种量 200kg/hm^2。每公顷施种肥磷酸二铵 100kg、硝酸铵 150kg，主要以旱作为主，有条件可以适时灌水。适合吉林省西部地区中等肥力的土地栽培。注意水肥过大易倒伏。

(23) 白燕 5 号

品种来源：吉林省白城市农业科学院选育。2003 年 1 月通过吉林省农作物品种审定委员会审定。

特征特性：早熟品种，幼苗直立，深绿色，株高 78.3cm，茎秆较强，生育期 81d 左右。穗长 16.8cm，侧散型穗，小穗纺锤形，颖壳白色，主穗小穗数 11.8 个，主穗粒数 60.8 个，主穗粒重 1.42g。籽实纺锤形，浅黄色，表面光洁，无绒毛，千粒重

25.4g，容重 656.0g/L；籽实蛋白质含量 18.96%，脂肪含量 6.00%；灌浆期全株蛋白质含量 11.87%，粗纤维含量 23.66%；收获后干秸秆蛋白质含量 4.50%，粗纤维含量 32.71%。经白城市农业科学院和白城市植保站田间鉴定，未见病害发生。抗旱性强，根系发达，早熟、抗倒伏，水旱兼用。

产量表现：2001—2002 年两年旱地试验平均产量为1 959.9kg，水浇地平均产量为 3 287.1kg/hm^2。2002 年旱地生产试验平均产量为 1 895.3kg/hm^2，水浇地平均产量 3 142.7kg/hm^2。

栽培技术要点：一般春播在 3 月下旬至 4 月初播种，旱地播种量 180kg/hm^2，水浇地播种量 200kg/hm^2；旱地每公顷施种肥磷酸二铵 100kg，硝酸铵 100kg；水浇地每公顷施种肥磷酸二铵 100kg，结合三叶水，公顷追施尿素 150kg。水浇地要灌好保苗水，适时灌好三叶水、七叶水，晚收遇大风易落铃。适合吉林省西部地区中上等肥力的土地栽培。

(24) 白燕 8 号

品种来源：吉林省白城市农业科学院 2000 年从加拿大引进的燕麦杂交后代材料 07341－2 中选育而成。

特征特性：幼苗直立，苗期叶片鲜绿色，叶片中等，株高 104.1cm，生育期 71d 左右。周散型穗，长芒，颖壳黄色，穗长 19.5cm；小穗着生密度适中，小穗数 36.5 个，穗粒数 80.77 粒，穗粒重 1.47g；籽粒黄色，卵圆形，千粒重 20.87g，容重 613.6g/L；经白城市农业科学院化验中心分析，蛋白质含量 16.23%，脂肪含量 7.25%。该品种根系发达，生育期较耐旱，后期耐高温，抗散黑穗病、白粉病、赤霉病、锈病，中感根腐病。

产量表现：2004 年生产试验产量为 2 382.7kg/hm^2，2005 年生产试验产量为 2 543.2kg/hm^2，2006 年生产试验产量为 2 484.0kg/hm^2。

栽培技术要点：春季播种期在3月下旬至4月初，播种量140kg/hm^2，公顷施种肥氮磷钾复合肥（氮、磷、钾含量各15%）300kg；如果土壤墒情不好，要灌好保苗水；在三叶期、五叶期和开花期适时进行灌水；结合三叶水，公顷追施尿素75～100kg；后期可根据实际降水情况，酌情增减灌水次数，防止土壤水分过大，造成燕麦倒伏；及时防除杂草，适时收获；收获后立即灭茬整地，为下茬复种争取时间。

若进行下茬复种，适宜播种期在7月15～20日，能早则早，播种量150kg/hm^2，公顷施种肥氮磷钾复合肥（氮、磷、钾含量各15%）300kg。如果土壤墒情不好，要灌好保苗水；在二叶一心、五叶期、七叶期和开花期适时进行灌水；结合二叶一心灌水，公顷追施尿素100kg。可根据实际降水情况，酌情增减灌水次数，防止土壤水分过大，造成燕麦倒伏；及时防除杂草，10月中下旬收获。适合吉林省西部地区具备水浇条件的中等以上肥力土壤种植。

（25）白燕9号

品种来源：吉林省白城市农业科学院选育。2003年1月通过吉林省农作物品种审定委员会审定。

特征特性：幼苗直立，苗期叶片鲜绿色，叶片中等，株高102.7cm。极早熟品种，生育期75d左右，可以进行下茬复种。侧散型穗，长芒，颖壳黄色，穗长19.0cm，小穗着生密度适中；主穗小穗数35.0个，主穗粒数77.0个，主穗粒重1.46g；籽粒长卵圆形，黄色，千粒重19.4g，蛋白质含量17.18%，粗脂肪含量8.02%，粗淀粉含量57.27%。经白城市农业科学院和白城市植保站田间鉴定，未见病害发生。

产量表现：2005年鉴定试验产量为2 345.7kg/hm^2；2006年比较试验产量为2 444.4kg/hm^2；2007年生产试验产量为2 177.0kg/hm^2，比对照白燕8号增产3.3%。

栽培技术要点：一般春播在3月下旬至4月初播种，播种量140kg/hm^2；每公顷施种肥氮磷钾复合肥（氮、磷、钾含量各15%）300kg，结合三叶水，公顷追施尿素75～100kg；墒情不好时需灌溉保苗水，三叶期、五叶期和抽穗期适时灌水。

（26）白燕10号

品种来源：吉林省白城市农业科学院选育。2003年1月通过吉林省农作物品种审定委员会审定。

特征特性：幼苗直立，苗期叶片鲜绿色，叶片中等，株高101.4cm。极早熟品种，生育期75d左右，可以进行下茬复种。侧散型穗，长芒，颖壳黄色，穗长18.1cm，小穗着生密度适中，主穗小穗数34.0个，主穗粒数71.0个，主穗粒重1.34g；籽实长卵圆形，黄色，千粒重20.7g，容重621.4g/L，粗蛋白质含量16.96%，粗脂肪含量9.13%，粗淀粉含量55.99%。经白城市农业科学院和白城市植保站田间鉴定，未见病害发生。

产量表现：2005年鉴定试验产量为2 703.7kg/hm^2；2006年比较试验产量为2 518.5kg/hm^2；2007年生产试验产量为2 239.0kg/hm^2，比对照白燕8号增产6.2%。

栽培技术要点：一般春播在3月下旬至4月初播种，播种量140kg/hm^2；每公顷施种肥氮磷钾复合肥（氮、磷、钾含量各15%）300kg，结合三叶水，公顷追施尿素75～100kg；墒情不好时需灌溉保苗水，三叶期、五叶期和抽穗期适时灌水。

13. 我国目前生产上种植的主要皮燕麦品种有哪些?

（1）坝燕1号

品种来源：河北省高寒作物研究所2000年从中国农业科学院作物科学研究所引进的加拿大皮燕麦资源中选出，编号为90035，后由河北省高寒作物研究所、中国农业科学院作物科学研究所经品系鉴定、品种比较和生产试验培育而成。2010年1

月通过全国小宗粮豆品种鉴定委员会鉴定，定名为坝燕1号。鉴定编号：国品鉴杂2010025。

特征特性：该品种幼苗半直立，绿色，生育期83～88d，属中熟型品种。株型中等，叶片下披，株高96～112.2cm；周散型穗，纺锤铃，籽粒纺锤形、浅黄色；主穗平均穗长16.9～18.2cm，小穗数17.7～24.9个，穗粒数38.3～52.6粒，穗粒重1.4～1.8g，千粒重35.1g。抗旱抗倒性强，较抗黄矮病和黑穗病。籽粒粗蛋白质含量14.0%，粗脂肪含量4.62%，淀粉含量54.27%。全国皮燕麦区域试验表明，该品种适合在河北坝上、内蒙古武川、吉林白城以及新疆奇台等中等肥力的土壤上种植。

产量表现：该品种一般产量2 250～3 000kg/hm^2，最高产量5 550kg/hm^2，秸草产量6 459～7 500kg/hm^2。2002—2003年参加所内品种比较试验，两年平均产量5 415kg/hm^2，居6个参试品种之首，比对照红旗2号增产38.16%；2004—2005年参加河北省皮燕麦品种区域试验，两年9个点平均产量3 975kg/hm^2，居参试品种之首，比对照红旗2号增产17.15%；2006—2008年参加国家皮燕麦品种区域试验，3年15个点平均产量4 373.5kg/hm^2，居参试品种第2位，比对照青引1号增产16.7%；2006—2007年参加河北省皮燕麦品种生产试验，两年平均籽实产量4 165.5kg/hm^2，比对照红旗2号增产25.27%；2009年参加国家皮燕麦品种生产试验，4个试点均比对照青引1号增产，增产点比例100%，平均籽实产量4 902kg/hm^2，比对照增产22.07%；平均鲜草产量46 918.5kg/hm^2，比对照增产6.71%。

栽培技术要点：在河北坝上地区的瘠薄旱坡地和沙质土壤地，5月底至6月初播种，肥坡地和旱滩地5月25～30日播种，坝头冷凉区和阴滩地5月20～25日播种。瘠薄旱坡地和沙质土壤地亩基本苗数 300 万株/hm^2 左右；肥坡地和旱滩地基本苗数 300 万～375 万株/hm^2；坝头冷凉区和阴滩地基本苗数 375 万～450 万株/hm^2。结合播种施种肥磷酸二铵 75～105kg/hm^2，于分蘖—拔节期结合中耕或乘雨追尿素 75～150kg/hm^2。三叶期进行第 1 次中耕锄草，拔节期进行第 2 次中耕锄草。

（2）坝燕 4 号

品种来源：河北省高寒作物研究所从中国农业科学院作物科学研究所引进的加拿大品系 AC MORGAN 中单株系选，后经株行试验、品系鉴定、河北省皮燕麦品种区域联合试验和生产试验、国家皮燕麦品种区域试验和生产试验培育而成，系谱号为 2003－N7－4。2013 年 3 月通过全国小宗粮豆品种鉴定委员会鉴定，定名为坝燕 4 号。鉴定编号：国品鉴杂 2013011。

特征特性：该品种幼苗半直立，株型中等，株高 105.9cm；生育期 95d 左右，属中熟品种。叶绿色，叶片下披，旗叶挺直，锐角，叶鞘无茸毛；茎秆直立且绿色，茎节数 6 节，抽穗后有蜡质，茎粗 3.5～4.5mm；周散型穗，浅黄色，纺锤铃；主穗小穗数 35.3 个，穗粒数 77.1 粒，穗粒重 2.6g，千粒重 36.0g；籽粒浅黄，纺锤形；籽粒粗蛋白质含量 9.32%，粗脂肪含量 4.98%，碳水化合物含量 57.97%，水分含量 8.23%（备注：以上为皮燕麦带壳结果）。生长整齐，生长势强，抗倒、抗病，抗旱耐瘠。全国皮燕麦区域试验表明，该品种适合在河北坝上，新疆奇台，内蒙古武川、克什克腾，青海西宁，吉林白城，以及其他同类型区土壤肥力中上等的旱坡地、旱滩地种植。

产量表现：在旱坡地和沙质土壤条件下一般产量 1 500～2 250kg/hm^2，在肥坡地和旱滩地条件下产量 2 550～3 000kg/hm^2，在阴滩地和水浇地条件下产量 3 000kg/hm^2 以上，最高产量潜力 6 000kg/hm^2。2006—2007 年参加河北省皮燕麦品种区域试验，两年 10 个点平均产量 4 399.5kg/hm^2，居参试品种之首，比对照红旗 2 号增产 30.8%；2009—2011 年参加第二轮国家皮燕麦品种区域试验，3 年平均产量 4 531.2kg/hm^2，比对照青引 1 号增产 25.6%，产量居参试品种第 1 位；2007—2009 年参加河北省皮燕麦品种生产试验，3 年 14 个点平均产量 4 580.8kg/hm^2，比对照红旗 2 号增产 32.89%；2012 年参加国家皮燕麦生产试验，3 个点平均产量 4 472.8kg/hm^2，比对照青引 1 号增产 8.55%。

栽培技术要点：在河北坝上地区的瘠薄旱坡地和沙质土壤地，5 月 25～30 日播种，肥坡地和旱滩地 5 月 20～25 日播种，坝头冷凉区和阴滩地 5 月 15～20 日播种。瘠薄旱坡地和沙质土壤地基本苗数 300 万株/hm^2；肥坡地和旱滩地基本苗数 300 万～375 万株/hm^2；坝头冷凉区和阴滩地（水浇地）基本苗数 375 万～450 万株/hm^2。结合播种施种肥磷酸二铵 75～105kg/hm^2，于分蘖—拔节期结合中耕或趁雨追施尿素 75～150kg/hm^2。三叶期进行第一次中耕锄草，拔节期进行第二次中耕锄草。

(3) 安瑞（颐丰佳燕 1 号）

品种来源：河北省高寒作物研究所、百事食品（中国）有限公司于 2009 年从加拿大引进，后经引种鉴定试验、品种比较试验、河北省皮燕麦品种区域试验、河北省皮燕麦品种生产试验选育而成。2013 年 10 月通过河北省科学技术厅组织的鉴定，定名为安瑞，省级登记号：20132741（原名为 CDC-Orrin）。

特征特性：幼苗半直立，苗色深绿。株高 104.3cm，生长势强，株型紧凑，叶片上举；生育期 93d 左右，属中熟型品种。周散型穗，小穗纺锤形；主穗平均穗长 15.2cm，小穗数 23.6 个，穗粒数 48.3 粒，穗粒重 1.9g，千粒重 41.0g；籽粒黄白色，籽粒含粗蛋白质 14.34%，粗脂肪 5.76%，粗淀粉 63.21%，水分 9.0%。抗旱、抗倒、抗病性强，品质优异，高产稳产，增产潜力大，群体结构好，成穗率高，适应性广。历年区域试验和生产试验结果表明，该品种适合在河北省坝上地区和坝下高寒山区及其他同类型地区，土壤肥力中上等的旱坡地、旱滩地种植，是一个优质加工型皮燕麦品种。

产量表现：一般产量在 3 000kg/hm^2 以上。2010 年参加品种比较试验，平均产量 3 330kg/hm^2，比对照增产 24.02%；2011—2012 年参加河北省皮燕麦品种区域试验，两年平均产量 4 635.9kg/hm^2，比对照青引 1 号增产 33.84%，增产达极显著水平；2012 年参加河北省皮燕麦品种生产试验，平均产量 5 071.05kg/hm^2，比对照青引 1 号增产 23.27%，居参试品种第一位。

栽培技术要点：在河北省坝上地区和坝下高寒山区及其他同类型地区的适宜播种期是：瘠薄旱坡地和沙质土壤地 5 月 25～30 日播种；肥坡地（平地）和旱滩地 5 月 20～25 日播种；坝头冷凉区和二阴滩地 5 月 15～20 日播种。瘠薄旱地和沙质土壤地基本苗 300 万株/hm^2 左右；肥坡地（平地）和旱滩地基本苗 300 万～375 万株/hm^2；坝头冷凉区和二阴滩地基本苗 375 万～450 万株/hm^2。结合播种施种肥磷酸二铵 75～105kg/hm^2，于分蘖至拔节期结合中耕或趁雨追施尿素 75～150kg/hm^2。三叶期进行第一次中耕锄草，拔节期进行第二次中耕锄草。

(4) 明翠（颐丰佳燕 2 号）

品种来源：河北省高寒作物研究所、百事食品（中国）有限公司于 2009 年从加拿大引入（原名为 CDC-Minstrel），经引种鉴定、品种比较试验、河北省皮燕麦品种区域联合试验、河北省皮燕麦品种生产试验选育而成的皮燕麦新品种。2013 年 10 月通过河北省科学技术厅组织的鉴定，定名为明翠，省级登记号：20132742。

特征特性：幼苗半直立，苗色深绿，生长势强，株高 94.1cm；

生育期92d左右，属中熟型品种；株型紧凑，叶片上举，群体结构好；周散型穗，小穗纺锤形；主穗平均穗长13.4cm，穗铃数24.2个，穗粒数47.5粒，穗粒重1.8g，千粒重38.0g；籽粒白色，纺锤形；籽粒含粗蛋白质12.44%，粗脂肪4.79%，粗淀粉65.04%。经试验、示范田间自然鉴定，抗旱抗倒抗病性强，耐旱耐瘠，群体结构好，成穗率高，适应性广。河北省区域联合试验和生产试验结果表明，明翠适合在河北省坝上地区和坝下高寒山区及其他同类型区土壤肥力中等或中上等的旱坡地、旱滩地种植。

产量表现：一般产量在3 000kg/hm^{2}以上。2010年参加品种比较试验，平均产量3 303kg/hm^2，比对照青引1号增产23.3%，居参试品种第三位；2011—2012年参加河北省皮燕麦品种区域试验，两年平均产量4 278kg/hm^2，比对照青引1号增产23.19%，居参试品种第二位，最高产量达到6 162.0kg/hm^2；2012年参加河北省皮燕麦品种生产试验，平均产量4 740kg/hm^2，比对照增产15.2%，居第二位。

栽培技术要点：在河北省坝上地区及其他同类型区的适宜播种期是：瘠薄旱坡地和沙质土壤地5月25～30日播种；肥坡地和旱滩地5月20～25日播种；坝头冷凉区和二阴滩地5月15～20日播种。瘠薄旱坡地和沙质土壤地基本苗数300万株/hm^{2}左右；肥坡地和旱滩地基本苗数300万～375万株/hm^2；坝头冷凉区和阴滩地基本苗数375万～450万株/hm^2。结合播种施磷酸二铵75～105kg/hm^2，于分蘖至拔节期结合中耕或趁雨追施尿素75～105kg/hm^2。三叶期进行第一次中耕锄草，拔节期进行第二次中耕锄草。

(5) 乐珍（颐丰佳燕6号）

品种来源：河北省高寒作物研究所、百事食品（中国）有限公司于2009年从加拿大引入（原名“Legget”），后经引种鉴定、品种比较试验、河北省皮燕麦品种区域联合试验、河北省皮燕麦品种生产试验选育而成的皮燕麦新品种。2013 年 10 月通过河北省科学技术厅组织的鉴定，定名为乐珍，省级登记号：20132744。

特征特性：幼苗半直立，苗色深绿，株高 92.9cm；生育期 93d 左右，属中熟型品种；生长势强，株型紧凑、中等，群体结构好；小穗纺锤形；主穗平均穗长 13.6cm，穗铃数 22.2 个，穗粒数 43.3 粒，穗粒重 1.6g，千粒重 38.1g；籽粒白色，纺锤形；籽粒含粗蛋白质 15.45%，粗脂肪 5.46%，粗淀粉 60.56%。经田间试验、示范自然鉴定，该品种抗旱抗倒抗病性强，耐旱耐瘠，群体结构好，成穗率高，适应性广。河北省区域试验和生产试验结果表明，该品种适合在河北省坝上地区和坝下高寒山区及其他同类型区土壤肥力中等的旱坡地、旱滩地种植。

产量表现：一般产量在 3 000kg/hm^2 以上。2010 年参加品种比较试验，平均产量 3 525kg/hm^2，比对照青引 1 号增产 31.28%，在 6 个参试品种中居第一位；2011—2012 年参加河北省皮燕麦品种区域试验，两年平均产量 4 158.3kg/hm^2，比对照青引 1 号增产 18.8%，最高单产达到 7 999.6kg/hm^2；2012 年参加河北省皮燕麦品种生产试验，平均产量 4 651.7kg/hm^2，比对照青引 1 号增产 13.1%，最高单产达 7 387.5kg/hm^2。

栽培技术要点：在河北省坝上地区及其他同类型区的适宜播种期是：瘠薄旱坡地和沙质土壤地 5 月 25～30 日播种；肥坡地和旱滩地 5 月 20～25 日播种；坝头冷凉区和二阴滩地 5 月 15～20 日播种。瘠薄旱坡地和沙质土壤地基本苗数 300 万株/hm^2 左右；肥坡地和旱滩地基本苗数 300 万～375 万株/hm^2；坝头冷凉区和阴滩地基本苗数 375 万～450 万株/hm^2。结合播种施种肥磷酸二铵 75～105kg/hm^2，于分蘖至拔节期结合中耕或趁雨追施尿素 75～150kg/hm^2。三叶期进行第一次中耕锄草，拔节期进行第二次中耕锄草。

（6）白燕6号

品种来源：吉林省白城市农业科学院选育，于2003年1月通过吉林省农作物品种审定委员会审定。

特征特性：早熟品种，幼苗直立，深绿色，分蘖力较强，株高126.2cm，茎秆较强，生育期81d左右。穗长18.0cm，侧散型穗，小穗纺锤形，颖壳白色，主穗小穗数23.2个，主穗粒数45.3个，主穗粒重0.80g；籽实长纺锤形，白壳，籽粒浅黄色，表面有绒毛，籽实千粒重24.6g，容重404.2g/L；籽实蛋白质含量为12.64%，脂肪含量为4.62%；复种灌浆期全株蛋白质含量12.18%，粗纤维含量为28.52%；籽实收获后干秸秆蛋白质含量5.02%，粗纤维含量为34.79%。经田间鉴定，未见病害发生；抗旱性强，根系发达，早熟、抗旱，草饲兼收，籽实带壳。

产量表现：2001—2002两年春播产量试验平均产量1 831.3kg/hm^2，干秸秆产量3 550kg/hm^2，下茬复种每公顷干饲草产量1 650kg；2002年春播示范试验产量1 816.5kg/hm^2，干秸秆产量3 600kg/hm^2，下茬复种每公顷干饲草产量1 700kg。

栽培技术要点：一般春播在3月下旬至4月初播种；下茬复种可在春播燕麦收获后立即进行，一般在7月15日前后；春播播种量150kg/hm^2，下茬复种播种量300kg/hm^2；每公顷施种肥磷酸二铵75kg，硝酸铵50kg。及时防除杂草，适时收获。春播可适当早收，下茬复种可在10月1日前后收获饲草。适合吉林省西部地区退化耕地或草原种植。

（7）白燕7号

品种来源：吉林省白城市农业科学院选育，于2003年1月通过吉林省农作物品种审定委员会审定。

特征特性：早熟品种，幼苗直立，深绿色，分蘖力较强，株高126.8cm，茎秆较强，生育期80d左右。穗长17.5cm，侧散型穗，小穗纺锤形，颖壳黄色，主穗小穗数22.3个，主穗粒数37.9个，主穗粒重0.90g，籽实长纺锤形，黄壳，籽粒浅黄色，表面有绒毛，籽实千粒重23.7g，容重352.2g/L；籽实蛋白质含量为13.07%，脂肪含量为4.64%；春播脱粒后干秸秆蛋白质含量5.18%，粗纤维含量为35.01%；下茬复种灌浆期全株饲草蛋白质含量12.23%，粗纤维含量为28.55%。经田间鉴定，未见病害发生，抗旱性强，根系发达，早熟、抗旱，草饲兼收，籽实带壳。

产量表现：2001—2002年两年春播产量试验平均产量1 804.5kg/hm²，每公顷干秸秆产量3 300kg，下茬复种每公顷干饲草产量1 500kg；2002年春播示范试验产量1 837.3kg，每公顷干秸秆产量3 400kg，下茬复种每公顷干饲草产量1 600kg。在吉林省西部地区种植，下茬可以播种新收获的种子进行复种，10月1日前后收获饲草。

栽培技术要点：一般春播在3月下旬至4月初播种；下茬复种可在春播燕麦收获后立即进行，一般在7月15日前后；春播播种量150kg/hm²，下茬复种播种量300kg/hm²；每公顷施种肥磷酸二铵75kg、硝酸铵50kg；主要用于旱作生产，有条件可以适当灌水。及时防除杂草，适时收获。春播可适当早收，下茬复种可在10月1日前后收获饲草，适合吉林省西部地区退化耕地或草原种植。

四、燕麦的形态特征及生长发育特性

14. 燕麦品种的熟性是如何划分的?

燕麦的熟性是根据燕麦的生育期来划分的。分为极早熟、早熟、中熟、晚熟、极晚熟品种。极早熟品种生育期一般在75d以下；早熟品种生育期一般76～85d；中熟品种生育期一般在86～

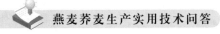

95d；晚熟品种生育期一般在96～105d；极晚熟品种生育期在106d以上。

15. 燕麦一生经历哪几个生育阶段？

燕麦的生长发育过程，总的来说可分为三大阶段，即营养生长阶段、营养生长与生殖生长并进阶段及生殖生长阶段。依其外部形态特征，从播种至成熟可分为种子萌发、出苗、三叶、拔节、挑旗、抽穗、开花、成熟等生育时期。

燕麦的三个生长阶段如下图所示：

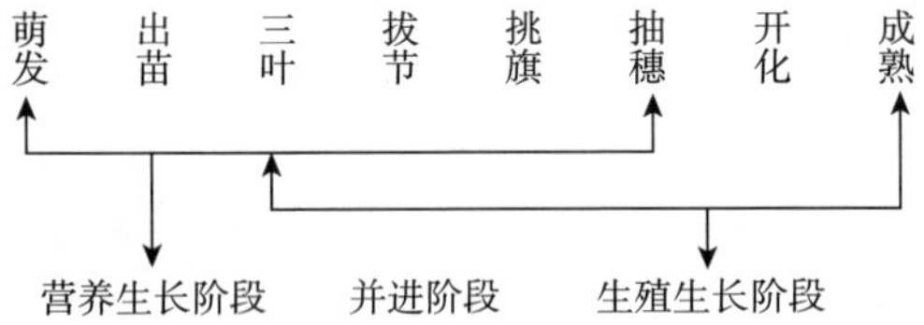

营养生长阶段是指从出苗到抽穗，主要是燕麦根、茎、叶营养器官的建成。此阶段以决定群体大小为主，为奠基争穗期。

生殖生长阶段是指从幼穗分化（即三叶期）开始到籽粒成熟，主要是燕麦生殖器官的发育和种子的形成。此阶段以决定粒重为主，为籽粒增重期。

营养生长和生殖生长这两个阶段不是截然分开的，而是相互交错，互为因果的。并进阶段占了燕麦从三叶至抽穗的大部分时间，是燕麦生长发育的重要阶段，此阶段主要为营养器官的增大和生殖器官的形成，对水分、养分、温度、光照等方面要求较严格，若外界条件不能满足要求，则可导致大幅度减产。

16. 影响燕麦发芽出苗的主要环境条件是什么？

播种后的种子在适宜的土壤温度和湿度条件下即可发芽出

苗。一般情况下，南方秋播的燕麦播种后5～6d即可出苗，北方燕麦产区春播或夏播，需经7～20d才能出苗。

燕麦在3～4℃即可萌发，但生长缓慢，发芽的适宜温度范围是5～25℃。当种子含水量达到种子重量的65%时，种子体积不再增大，吸胀过程即告结束。在种子吸水膨胀过程中，各种酶的活性亦随之加强。在酶的活性下，贮存在胚乳中的各种营养物质（淀粉、蛋白质、脂肪等）转化为可溶性的易被胚吸收利用的营养物质，从胚乳输送到胚中用于胚的萌动。燕麦种子发芽时，胚根鞘首先萌动突破种皮，接着胚根萌动生长。突破胚根鞘生出种子根3条，在个别情况下可观察到2～6条。随着胚根鞘的萌动，胚芽鞘也开始萌动，然后胚芽突破胚芽鞘长出地上部分的幼苗。芽鞘具有保护第一片真叶出土的作用，其长度与播种深度关系密切，在允许深度内播种越深，芽鞘生长的越长，幼苗也就越弱。胚芽鞘露出地面即停止伸长。当第一片真叶露出地面2～3cm时即为出苗，全田有50%以上幼苗达到此标准为出苗期。发芽出苗除与温度、湿度、播种深度有关外，其种子本身的质量尤为重要。饱满、成熟度好的种子，内含充足的养分，扎根快、叶片大，容易形成壮苗。头年收获的种子，经一个冬春的贮藏，打破了休眠期的种子，出苗快而整齐。

17. 什么叫有效分蘖和无效分蘖？有效分蘖和无效分蘖是如何测定的？

在一般情况下，燕麦的分蘖是在幼苗第三片叶展开时开始出现，同时长出次生根，分蘖和次生根都是从近地表的分蘖节上长出来的。当全田50%植株出现分蘖时为分蘖期。

在水肥条件较好的情况下，出生早的一级分蘖或二级分蘖能够抽穗结实，称为有效分蘖；不能抽穗或生育期间因营养、水分导致死亡或不抽穗结实的分蘖，叫无效分蘖。

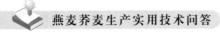

测定方法：田间选取代表性的点3～5个，每点面积$0.33m^2$，在苗全后、拔节期、蜡熟期分别调查苗数、总蘖数和结实穗数，再通过以下公式计算单株有效分蘖和单株无效分蘖。

$$单株有效分蘖数=\frac{结实总穗数-主茎穗数}{调查株数}$$

$$单株无效分蘖数=\frac{总分蘖数-结实分蘖数}{调查株数}$$

18. 燕麦根有几种类型？适宜根系发育的主要条件有哪些？

燕麦根主要是吸收土壤中的水分、养分和对植株的固定和支撑作用。

燕麦属须根系作物，其根系分为初生根和次生根两种类型。初生根也叫胚根或种子根。

初生根外面着生许多纤细的根毛，其寿命可维持2个月左右，主要作用是吸收土壤中的水分和养分，供应幼苗生长发育。燕麦的初生根有较强的抗旱能力，在5～10cm的土壤含水量降到5%时仍能正常生长。燕麦的初生根多少与种子的大小和种子生活力强弱关系密切，种子粒大饱满，发芽率和发芽势好，初生根的数目就多，幼苗也健壮。

次生根又叫永久根、节根或不定根。燕麦的次生根着生于分蘖节，当幼苗进入分蘖期时，在土壤温度适宜的条件下分蘖节便产生次生根。次生根比初生根粗壮，根毛密集。燕麦的根系一般密集地分布于10～30cm的土层中，最深可达2.0m左右。

影响燕麦根系发育的主要条件有温度、土壤水分和养分、播种密度等。有利于根系发育的根际温度为15℃左右，土壤田间持水量为50%～70%，适量的氮、磷、钾肥，合理密植，深耕和中耕松土等措施，都能促进根系生长发育。

19. 燕麦分蘖发生与次生根发生有何联系?

燕麦分蘖数目与次生根的多少有着密切的关系。通常每生出一个分蘖将相应地产生1～3条次生根。当分蘖本身具有3片叶后，其分蘖基部也能长出次生根，分蘖具有4片叶时可形成自己独立的根系。燕麦的次生根可以充分地吸收土壤中的水分和养分，由于根量大，对燕麦的抗旱性、营养体的建成和产量的构成起着决定性的作用。通常同一品种，幼苗产生分蘖多而次生根也多，所以从外观上看，分蘖多是壮苗的重要标志。

20. 燕麦有什么样的茎的形态结构?

燕麦的茎由节和节间组成，上下两节之间叫节间。节是叶片着生的部位，每个节上着生一片叶，植株节数与叶片数相等。燕麦茎秆呈直立圆柱体，表面光滑无毛，幼茎呈绿色，成熟期变黄，少数品种茎秆呈紫色。节有横隔，节处实心，节间中空，各个节间大部分被叶鞘包围。燕麦植株高60～150cm，茎节数目一般5～7节，但也有4～8节，地上各节除最上一节外，其余各节都有一个潜伏芽，通常这些芽不发育，但主茎生长受到抑制时，有的潜伏芽也能长出茎秆，并能抽穗结实。燕麦茎秆直径4mm左右，秆壁厚约0.3mm。燕麦穗下节长度随株高而变化，株高120cm时，穗下节长约70cm，株高100cm时，穗下节长约50cm，穗节以下各节总长约50cm。通常穗节与其下面各节长度之比，是鉴定品种抗倒伏能力的依据之一。茎的表皮外有蜡质层，其蜡质层厚薄因品种和栽培技术而异，同一品种在旱地条件下蜡质层厚。

茎秆是植株生长发育的输导器官，负责将由根吸收的无机营养运送到茎叶部，再将茎叶部通过光合作用制造的部分有机物质运送到根部，供根的生长；茎的另一作用是支撑作用。因此，茎秆的质量与抗倒伏能力有关，一般茎壁厚、纤维化程度高、有韧性的品种植株不易折断，抗倒伏能力强；反之，则抗倒伏能力差。

21. 燕麦有什么样的叶的形态结构？与其他麦类作物有什么不同？

燕麦的叶由叶鞘、叶舌、叶关节和叶片 4 部分组成，叶面有绒毛和气孔。分初生叶、中生叶和旗叶，叶片长度一般为 8～30cm，最长的可达 50cm。初生叶短，中生叶长，旗叶短，倒二叶最长，整株的叶片分布呈纺锤形。叶片的长短、大小与品种有关，也与栽培条件相关。一般情况下，燕麦叶片发育越好，产量就越高，但不是叶片越大产量越高，叶片过大时一是其自身生长需要消耗掉部分养分，二是会造成田间郁闭，通风透光差，茎叶软，易发生倒伏，影响燕麦产量和品质。

燕麦的叶舌发达，膜质、白色，顶端边缘呈锯齿状。燕麦无叶耳，故在苗期可作为与其他麦类作物区别的重要依据。

22. 如何确定燕麦的拔节、抽穗期？

当燕麦幼苗基部第一节开始伸长，高出地面 1.5cm 时，用手触摸可觉察出节时即为拔节。通常以全田 50%以上的植株拔节时，称为拔节期；当穗节间伸长时穗由旗叶伸出，通常以穗顶部小穗露出旗叶叶鞘时称为抽穗。全田 50%以上的植株抽穗时为抽穗期。顶部小穗露出叶到全穗抽出历时 4～8d。

23. 燕麦穗由哪几部分组成？

燕麦的穗由穗轴、枝梗和小穗组成。根据穗枝梗和穗轴的着生状态，分为侧散型和周散型两种穗型。穗枝梗环绕穗轴向四周均衡地分散的称周散型穗；穗枝梗倒向穗轴一侧的称为侧散型穗。燕麦的穗枝梗在穗轴上为半轮生状态着生，每一个半轮生的穗枝梗称为一个轮层，一般品种有4～7个轮层。每个轮层着生许多穗枝梗，穗节间和枝梗短的为紧穗型穗，反之为松散型穗。

燕麦的小穗着生在穗枝梗的顶端。小穗由小穗枝梗、护颖（2枚）、内稃、外稃和小花组成。皮燕麦的小穗枝梗较短，其小穗多为纺锤形；裸燕麦的小穗枝梗较长，其小穗多为串铃型，每个小穗着生4～6朵花，多的可达十几朵花。燕麦穗一般有15～40个小穗，多的可达上百个。小穗数的多少与品种及栽培条件有关，水肥条件好、种植密度小，枝梗和小穗分化期间气温低，形成的小穗就多；反之，则形成的小穗少。

24. 燕麦幼穗分化要经历几个时期？了解穗分化过程对生产实践有何实用价值？

燕麦的穗分化开始于生长锥伸长期，结束于四分体分化期，在北方春、夏播种的自然光照和温度下，一般全过程需经历24～44d，晚熟品种长，中早熟品种短。早熟品种的生长锥伸长期开始于1～2叶期，晚熟品种开始于3叶期，四分体均在孕穗期结束。主要有生长锥初生期、生长锥伸长期、枝梗分化期、小穗原始体分化期、小花原始体分化期、雌雄蕊原始体分化期、四分体分化期（也叫花粉母细胞和胚囊母细胞形成期）等7个时期。

根据燕麦幼穗分化规律和不同发育阶段植株外部形态的表现，即可确定穗分化的某一时期的到来，适时地进行田间水肥管理，对夺取高产有着极其重要的实用价值。燕麦的穗分化始于二叶期，结束于孕穗期；小花分化期始于拔节前并在抽穗前几天完成。这两个时期如果光照充足，温度适宜，昼夜温差大，水肥适当，燕麦就可以积累更多的光合同化物，加强幼穗分化的强度。

幼穗分化时间长，必然会形成较多的小穗和小花，增加穗粒数。燕麦抽穗之后即进入生殖生长时期，也是燕麦籽粒形成时期。花后光合产物在各器官中的分配比例发生了变化，干物质向籽粒分配的比例升高。籽粒中约 2/3 的干物质是依靠抽穗后叶片光合作用的积累。光合产物多，消耗少，必然导致结实粒数多，粒重增加。

25. 怎样从植株外部形态判断燕麦幼穗分化的各个时期？

在燕麦幼穗分化时期，在解剖镜下解剖幼穗所处分化期，可观察到以下穗分化过程。

（1）生长锥初生期 燕麦出苗后的 13～26d，解剖后可看到处于初生期的生长锥，生长锥宽大于长，这时早熟品种的植株为 2 叶期，晚熟品种在 3 叶期。

（2）生长锥伸长期 从初生期观察到的 3～5d 后，早熟品种植株生长到 2 叶 1 心期，晚熟品种在 4 叶 1 心期，生长锥伸长期的生长点长大于宽。伸长期历时 3～5d。

（3）枝梗分化期 枝梗分化期的燕麦植株早熟品种为三叶一心期，晚熟品种为五叶一心期，穗原基上出现棱状突起，历时 5～8d。

（4）小穗分化期 燕麦的小穗分化期出现在分蘖期，在穗原基的顶部枝梗上形成新的棱状突起，即开始分化出颖片。此时，早熟品种 5 片叶，晚熟品种 6 叶 1 心，一般历时 6～8d。是增加小穗数的关键时期。

（5）小花分化期 小花分化期始于分蘖末期，茎基部节间开始拉长，小穗可见多个突起，即小花的雏形已形成。此时，地上植株进入分蘖末期、拔节始期，早熟品种 6 片叶，晚熟品种 7 叶 1 心，一般历时 4～6d。

（6）雌雄蕊分化期 护颖伸长，覆盖整个小花的一半，顶部小穗雌雄原基突起。此时，地上植株进入拔节期，早熟品种 6 叶 1 心，晚熟品种 8 叶 1 心。一般可延续 4～6d。

（7）四分体分化期 顶部小穗护颖伸长，覆盖全部小穗，雄蕊、雌蕊形成，花粉母细胞和胚囊母细胞进入减数分裂，一般需要 6～9d。该期是需水需肥的临界期，水、肥、光照不足会增加不孕小穗的数量。

26. 燕麦开花有什么特性？影响开花的因素有哪些？

燕麦是自花授粉作物，在穗子尚未全部抽齐时，顶部小穗即行开花，边抽穗边开花。开花始期是在穗子从旗叶抽出 4～5 个小穗后，顶部第一个小穗内的第一朵小花开始开放。全穗从开第一朵花至开花结束，历时 8～13d。一朵小花自花颖开始开放至闭合，历时 90～135min。燕麦开花每天只出现一次，即在 14～20 时，而 16 时是盛花期，不同品种略有差异。

燕麦开花顺序，在一穗之中以顶部小穗最先开放，然后向下顺延。在同一轮层的分枝上，以两侧最长分枝的顶部小穗最先开放，然后依次向上、向内顺序开放。在同一小穗内，以基部小花最先开放，然后顺序向上。

开花时位于子房两侧的鳞片吸水膨胀，迫使内外稃张开，此时花丝伸长，花药破裂，花粉散落在羽毛状的柱头上即行授粉过程。

燕麦抽穗前 12d 正是花粉母细胞四分体分化时期，这一阶段对光照的长短、强弱反应十分敏感，短而弱的光照将影响花粉活力。

燕麦开花需要较低的空气湿度与无风天气，开花的适宜温度为 20～24℃。湿度过高或阴雨，不利于开花，低温延迟开花，干热风条件将破坏授粉作用，降低结实率。

27. 温度对燕麦生长发育有何影响?

燕麦是喜冷凉、耐寒性较强的低温类作物。一般在2～4℃即可发芽，幼苗可忍受－4～－3℃的低温而不至冻死，生长期的最适温度是17～20℃，最高温度为30℃，超过35℃时则受害。

在北方，燕麦的播种期一般在地温稳定通过5℃时，如果土壤水分适宜，播后4～5d就可以发芽，14d左右出苗；地温稳定在10℃以上时播种，出苗期可提前5d左右，反之温度低，出苗期就要延迟。燕麦出苗到分蘖期，环境温度低于适宜温度时生长缓慢，但利于幼穗分化。所以，在不考虑拔节至抽穗期与雨季同季的水浇地上，提前播种，使分蘖孕穗处于相对低温的条件下利于形成大穗。燕麦的开花授粉对温度较为敏感，河北省张家口市坝上农业科学研究所在广西南宁冬繁时，观察到抽穗开花后适宜温度为20～24℃，当日平均气温低于15℃时则不能开花结实，而干燥炎热的天气会破坏授粉过程，而不能受精。

燕麦籽粒的灌浆要求白天温度高，夜间温度低，昼夜温差大，利于干物质的积累，促使籽粒饱满。灌浆期日平均气温15～17℃为宜，但温度下降到4～5℃时仍可忍受。如遇高温干旱，即使时间很短，也会影响籽粒灌浆，引起过早成熟，造成籽粒秕瘦，导致严重减产。

根据上述燕麦各生育阶段对温度的要求，在生产上通过调节播种期方法，满足燕麦各个发育阶段对温度的要求，是获得丰收的重要措施之一。

28. 光照对燕麦生长发育有何影响?

燕麦是长日照作物，整个生育期需要750～850h的日照。在分蘖至抽穗期间需要长日照条件。在短日照条件下发育慢，穗分化开始晚而常推迟抽穗，生育期延长，茎叶茂盛，植株高大，生物产量高而经济系数小。研究燕麦对光照条件的反应，目的在于采取相应的措施改善光照条件，提高光合作用效率，使燕麦高产稳产。如苗期及早中耕除草，可以减少杂草与幼苗争光、争水、争肥的矛盾。合理密植则能使个体与群体都能得到良好发育，充分利用地力和光能。在有灌溉条件的地块，可提早播种，延长生育期，增加光照时数，穗分化时间延长，形成大穗，提高单位面积产量。在高肥水田块，应采取措施控制植株的营养生长，减少因茎叶过多形成的田间郁闭，防止因光线不足，茎秆软弱而造成的倒伏减产。

燕麦在开花灌浆期需要的是强光照，也就是需要晴朗的天气，方能很好地灌浆授粉。因此，通过采取相应的农艺措施，如选择适宜的播种期，使开花、灌浆期躲过梅雨季节，是提高燕麦单位面积产量和品质的一项措施。

29. 水分对燕麦生长发育有何影响?

燕麦是需水较多的作物。种子萌发需水量达到本身重的65%时方能发芽，而小麦是55%，大麦是50%。在整个生育过程中耗水量也大于小麦、大麦。据测定，燕麦的蒸腾系数（即作物体每形成1g干物重的耗水克数）为597，小麦为513，大麦为534。

燕麦一生中，不同的生育阶段，对水分的要求是不同的。据报道，苗期耗水量占全生育期的9%，分蘖至抽穗期耗水量为70%，灌浆期至成熟期占20%。从拔节期开始，需水量迅速增加，拔节至抽穗期是需水的关键期，抽穗前12～15d是需水“临界期”，此时干旱，将会导致大幅度减产，群众所说的燕麦“最怕卡脖旱”的道理就在于此。燕麦进入开花、灌浆阶段与前一阶段相比，需水量相对减少，但营养物质的合成，输送和籽粒的形成仍需要一定的水分，才能保证籽实的灌浆饱满。

了解燕麦需水规律后，可以因地制宜地采取相应的农艺措施来提高水分利用率，进而达到高产的目的。河北省张家口坝上燕麦产区近年来推广中熟抗旱耐倒伏的品种，播种期可推迟到5月底6月初，使其需水关键期与该区降雨高峰期同季，燕麦的单产得到大幅度提高。

30. 土壤肥料对燕麦生长发育有何影响?

燕麦对土壤要求不严，适宜在多种土壤上栽培，如黏土、草甸土、壤土等，但以富含有机腐殖质的壤土为好，坡梁地、阴滩地都可种植，但以阴滩地、沙壤土种植产量较高。

氮素是构成植物体蛋白质和叶绿素的主要元素。氮素肥料缺乏，造成植株生长发育不良，茎叶发黄，光合作用的功能降低，营养物质的制造和积累减少，产量下降。氮素肥料过多，则容易造成茎叶徒长，形成田间郁蔽，茎秆软弱发生倒伏，造成减产。在燕麦的整个生长发育过程中，不同阶段对氮素的需要量不同。出苗至分蘖，因幼苗小，需要的氮素也相对较少；从分蘖开始至抽齐穗，随茎叶的生长，需氮量急剧增加；抽齐穗后需氮量相对减少，燕麦一生对氮素的需求呈单峰曲线。

掌握了燕麦对氮素需求的规律，在生产中应因地制宜采取相应的措施。旱地不宜追肥，应施好种肥，保障分蘖、拔节这段时间对氮素的要求，必要时可在分蘖后、拔节前追氮肥一次，可增产20%～50%。水浇地要采取“三水两肥”的措施，即分蘖、拔节、孕穗水和分蘖、拔节肥，保证对氮素的需求。后期追氮肥应慎重，容易造成贪青晚熟。

前期施用磷肥可以促进燕麦根系和分蘖的发育，形成壮苗；后期施磷能使籽粒饱满，促进早熟。缺磷幼苗细弱，生长缓慢。另一方面，磷还可以促进燕麦对氮素的吸收利用，通常所说的以磷促氮就在于此。氮、磷配合，比单独施氮、施磷增产效果明显。

磷肥的施用效果与土壤中速效磷含量的多少有关，土壤中速效磷含量在15mg/kg以下，速效氮和速效磷的比值在2以上时，施磷效果明显。当速效磷的含量高于15mg/kg，氮磷比值在2以下时，施用磷肥效果不明显。

钾素对调节植株气孔开闭和维持细胞膨压有专一功能，能促使茎秆健壮，增强植株抗倒伏能力。燕麦缺钾植株矮小，底叶发黄，茎秆较弱，抗病、抗倒能力差。由于北方草甸土土壤中含钾量较高，而且通过施用农家肥，如草木灰、牲畜粪肥可补充一定的钾肥，故我国北方很少施钾肥，但是随着生产的发展，单产水平的不断提高，也应注意增施钾肥，以达到在新的水平上氮、磷、钾的平衡。

燕麦对营养元素的需求是多方面的，除氮、磷、钾三大要素外，钙、镁、铜、铁、钼、锌、锰等元素也有增产效果。

31. 燕麦不育小穗有几种类型？其主要特征是什么？

燕麦不孕小穗可以分为两类：

第一类为羽毛状不孕小穗。这种类型约占不孕小穗总数的70%～90%，多发生在穗的下部。在小穗枝梗上对生着2个或4个窄小的薄片，连同小穗梗均无叶绿素呈白色，捻曲或羽毛状。一般在成熟前脱落，有的可以维持到收获以后。此类不孕小穗发生在穗分化的第五个阶段，即小花形成时期，由护颖和内外颖退化而成。

第二类为空颖状不孕小穗。这种类型约占不孕小穗总数的10%～30%，通常着生在穗的中上部。护颖和内外颖完整，发育正常，色泽淡绿，成熟后呈黄白色，大小与结实小穗基本一样，但没有雌雄蕊或雌雄蕊发育不正常呈空羽状。此类不孕小穗发生在穗分化的第六阶段，即护颖和内外颖分化完成，雌雄蕊开始分化和发育时期。

两种不孕小穗的共同特征是，小穗分化不完全或发育不正常，色泽黄白或浅绿，丧失了生活和生殖机能，不能结实。

32. 燕麦不育小穗是如何分布的？其防止策略是什么？

在同一植株上主茎穗的不孕小穗少，分蘖穗的不孕小穗多。前者约占不孕小穗的 1/3，后者约占 2/3，各级分蘖不孕小穗的发生程度，依分蘖出生的早晚有较大差异。通常第二分蘖穗比第一分蘖穗的不孕小穗多 20%左右，第三分蘖穗比第二分蘖穗的不孕小穗多 50%以上。

同一穗上，下部不孕小穗多，中部次之，上部极少。据对华北 2 号等 7 个品种调查，穗下部不孕小穗为 21.4%～27.3%，中部为 6.3%～8.4%，上部为 0.5%以下。

不同的栽培措施、不同品种与不孕小穗形成的关系没有明显的相关性。栽培措施和选用品种是否合适对不孕小穗有加重和减轻的作用，但不能绝对防止不孕小穗的发生，而气候条件与不孕小穗的发生关系密切。穗原始体形成期间的高温对不孕小穗的发生有明显的促进作用，即高温导致幼穗分化机制受阻或发育不完全而形成不孕小穗。分蘖至孕穗期间高温出现天数与不孕小穗发生的百分率成正相关，分蘖至孕穗期高于 25℃的天数愈多，不孕小穗发生的愈多，反之则少。

不同的栽培措施或不同的气候条件虽对不孕小花的数量有不同影响，但不孕小花在花序上的分布规律是不变的。可见不孕小穗并不取决于某一特定环境因素的直接影响，环境因素可能影响植株内部有机营养物质的数量和分配，从而间接地影响不孕小穗数目的多少。根据燕麦穗部有机营养物质的分配规律（同花序分化规律）可以认为：有机营养物质供应不足、分配不均衡是穗下部大量形成不孕小穗的重要内在原因，不孕小穗数量的多少，则与栽培条件优劣、气候条件等外界因素关系密切。为此，在生产实践中，科学地确定播种期，适期早播，使拔节至孕穗阶段能躲避25℃以上气温的危害，并结合有利于有机营养物质的合成与输送的栽培措施，如合理施肥、灌溉、选用抗高温且前期发育快的优良品种等，对减少不孕小穗的数量有重要的作用。

33. 燕麦的籽粒是怎样形成的？

燕麦的籽粒在植物学上叫颖果，即种子。有带壳（内、外颖与籽粒粘连）和裸粒（壳与籽粒分离）两种。带壳的叫皮燕麦，裸粒的叫裸燕麦。皮燕麦的种子有黑色、褐色、白色、黄色等多种，千粒重一般为25～35g，最高的可达40g以上，皮壳率一般在25%～35%，脱壳后的种子与裸燕麦种子无差异。裸燕麦种子有白色、浅黄色、黄色等，千粒重一般在20g左右，最高的可达35g。燕麦种子形状有圆筒形、卵圆形、纺锤形、椭圆形等。燕麦种子表面有茸毛（称莜麦毛子），顶端茸毛较多，茸毛的多少品种间差别较大，种子腹面有腹沟。燕麦种子由胚、胚乳、皮层三部分组成。

燕麦雌蕊受精后子房开始膨大，胚和胚乳开始发育，茎叶所贮存和制造的营养物质向籽粒输送，籽粒开始积累营养物质，积累过程称之为灌浆，可分为乳熟期、蜡熟期和完熟期。燕麦灌浆结实成熟的顺序同幼穗分化和开花的顺序一样，概括起来是自上而下，由外向里，由基部向顶端，即穗顶部小穗先成熟，基部的小穗后成熟，而每一个小穗的籽粒则是基部的先成熟，而顶部的后成熟。燕麦籽粒成熟过程的这一特点，使全穗籽粒成熟颇不一致，通常当穗下部籽粒进入蜡熟时才能收获。另一方面，由于营养物质输送的先后和积累的多少不同，致使籽粒大小差异较大。一般基部籽粒最大，依次逐渐变小，末端多为不孕小花。

五、燕麦育种及良种繁育技术

34. 如何制定燕麦的育种目标？

在进行燕麦育种时，首先要制订育种目标，即根据自然条件、栽培水平、生产和市场需要，确定所选育的新品种应具备哪些特征特性，这是育种成败的关键。燕麦育种的总体目标是高产、稳产、优质。首先应该具备较高的产量潜力；稳产是要求燕麦品种在推广的不同地区和不同年份间产量变化幅度较小，其涉及的主要性状是品种的各种抗病性、抗逆性、适应性。由于我国燕麦种植区的环境条件、生产条件不同，利用途径不同，对品种的要求各有其特点，各地要因地制宜制订相应的育种目标。主要应从以下几方面考虑。

（1）目前和将来的国民经济发展和农业生产以及市场对燕麦的需求 燕麦的籽粒主要用作产区人民的食粮、加工保健食品和饲料，其秸秆主要用作饲草和编织工艺品。由于用途不同，对其要求也不同，用作食粮和加工保健食品，要求籽粒高蛋白低脂肪；用作饲料，要求其籽粒高蛋白、高脂肪；用作饲草为主，要求品种秸草产量高；用作编织工艺品，要求品种秸秆高，粗细适中。此外，燕麦育种还要预测到将来的生产发展和社会需求，只有这样，选育的新品种才能发挥作用。

（2）深入了解当地的自然生态条件和耕作栽培特点 品种的丰产性和稳产性，取决于品种对当地的自然生态条件和耕作栽培条件的适应程度。因此，只有在深入了解当地气候、土壤、主要病虫害和耕作制度的基础上，才能制订出正确的育种目标。如夏播燕麦区干旱严重，土壤瘠薄，育成品种必须抗旱，耐瘠性强；春播燕麦区土壤肥沃，生产潜力大，育成品种应高产，抗倒性强；南方秋播燕麦区冬季寒冷干旱，育成品种应抗寒抗旱性强。

(3) 目标性状要具体 制订育种目标时，要针对当前生产上推广的燕麦品种存在的实际问题，研究分析品种应具备哪些特征特性，将育种目标落实到具体性状上，以便更有针对性地开展工作。如选育适宜加工裸燕麦片的品种，要求品种的籽粒浅黄色，大小均匀，千粒重 25.0g 左右，含皮燕麦率 1%以下，蛋白质含量 16%以上，脂肪含量 6%左右，β-葡聚糖含量 5%以上等。抗病性要具体到抗什么病害等。

35. 怎样进行燕麦品种的引种利用?

燕麦的引种利用就是从国内外不同的燕麦产区将燕麦品种引到本地区，在当地试验鉴定，从中选择增产效果明显、适应当地种植的品种，直接应用于大田生产。实践证明，引种是一种简便易行、成本低、收益快、行之有效的育种方法。其具体方法步骤包括：

(1) 观察 把引种的品种和当地推广的品种种在一起，每个品种种植一个小区，在生育期间对每个品种进行仔细观察研究，分析引进品种在当地自然条件下的适应性、抗逆性以及产量表现等，从中选出表现好的品种留作下年进一步鉴定。

(2) 鉴定 将上年观察入选的品种，分别按区种植，重复 2 次，与当地推广品种进行比较，详细记载生育表现及其适应性、抗逆性，测定各品种的产量。当引进品种的产量比当地推广品种增产 10.0%以上时，留作下年参加品种比较试验。

(3) 品种比较 将经过鉴定入选的品种分别按小区种植，重复 2～4 次，以当地推广品种为对照，经过 2 年的品种比较试验，如果某一品种在 2 年的品种比较试验中连续比对照增产 10.0%以上时，下年进行生产试验和示范。

(4) 生产试验 通过品种比较试验入选的品种，有计划地放到不同的自然和生产条件下进一步进行试验，明确该品种的适宜种植区域，为大面积生产应用提供依据。

36. 如何进行燕麦的系统育种？

燕麦的系统育种是根据育种目标的要求，在现有燕麦品种的群体中选择优良的遗传变异植株，通过试验研究培育新品种的一种方法。一般采取以下两种方法进行。

（1）单株选择法 也叫“一穗传”，这是一种古老而又简单的选育新品种的方法。其选育程序是：

选单株：在燕麦抽穗至成熟前，根据育种目标要求，到种子田或生产田中寻找选择具有优异性状的变异单株，做出标记，成熟时按单株或单穗收获、脱粒、考种、编号和保存，留作下年进行株（穗）行试验。

株行比较：将上年入选的单株或单穗，按单株（穗）分别单粒点播种植，每株种一行，每隔一定数量的株行种一行原品种作为对照，生育期间认真观察比较，选择优良的株（穗）行，田间入选后经室内考种复选，决选出优良的株（穗）行，按行分别脱粒、保存，供下年品系鉴定。个别表现优异但尚有分离的株行，可再次选株（穗），下年继续进行株（穗）行试验。

品系比较（鉴定）：将上年入选的品系，按小区分别种植，进行品系比较试验（重复3～5次，一般进行2年）。根据田间观察、评定、室内考种和产量测定，选出符合育种目标要求，产量比对照增产10.0%以上的优良品系。

区域试验和生产试验：将通过品系比较入选的优良品系，安排在不同的自然生态条件下进行2年区域试验，鉴定新品系的利用价值和适应区域，选出明显优于对照的品系。在完成区域试验的基础上，对新品系进行1年的生产试验，如果新品系确实表现优良，就可报请品种审定委员会审定，批准定名后推广。

(2) 混合选择法 以种植历史较长、适应性强、推广面积大的燕麦品种为选种圃，从中选择符合育种目标要求，性状整齐一致的相似个体，混合收获、脱粒、保存。第二年将上年入选的材料与原品种和对照按小区分别种植，进行观察鉴定和产量比较，选出优良品系。第三年参加区域试验。通过区域试验和新品种审定后，即可繁殖推广。如果这种选择方法的第一步只进行一次，称为一次混合选择。有时经过混合选择后，性状表现仍不一致，需进行多次连续混合选择，直到性状表现整齐一致为止，称为多次混合选择。

37. 燕麦杂交育种的亲本和组合选配原则是什么？

按照育种目标正确地选择亲本，合理地搭配组合，是燕麦杂交育种的重要环节。亲本性状的优劣直接关系到杂交后代的好坏和选择效果，是能否培育出优良品种的关键所在。燕麦杂交亲本的选配应遵循以下基本原则进行。

(1) 用于组配的两个燕麦杂交亲本必须优良性状多，不良性状少，符合育种目标要求，在主要性状上能够取长补短，以提高综合双亲优良性状的后代个体的出现频率。只有这样，才能选出优良的燕麦新品种。

(2) 杂交后代的适应性与杂交亲本的适应性有着密切的关系，因此，在选用的杂交亲本中，要选一个综合性状好、适应性强，并在当地大面积推广的品种做亲本。针对其需要改进的不良性状，选择一个具备相应优良性状的亲本与之杂交。这样的组合搭配易见成效。

(3) 为丰富杂交后代的遗传基础，加大变异范围，提高选择机会，要选配地理上远缘或生态类型不同的品种做杂交亲本。

(4) 深刻了解杂交亲本的主要性状及其遗传规律，有计划的根据育种目标选配适当的杂交组合，做到有的放矢，增加预见性，减少盲目性，使杂交育种工作取得预期的效果。

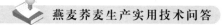

38. 如何进行燕麦的有性杂交？

（1）整穗去雄　在供作杂交的母本行内，选择具有母本特征特性的健壮植株，将刚抽出 3～6 个小穗的穗子，从叶鞘内轻轻剥出尚未抽出的小穗，剪去发育不良的小穗和顶部小穗，留下穗中上部的 5～7 个小穗，用左手大拇指和食指，轻轻捏住小穗基部，右手拿镊子在小穗顶部轻轻加压，使两片护颖张开，然后用镊子夹住顶部小穗花向第二护颖轻轻加压，使第二小花露出，将第二小花以上的小花全部去掉，只留下小穗基部第一朵发育健壮的小花，轻轻拨开其内外稃，去除 3 对花药。取出花药后，用镊子轻轻拨动护颖和内外稃，使其恢复原状。去雄时，依次由上而下逐个小穗进行，发现花药变黄或被夹破，就应把整个小穗去掉，全穗去雄后，挂好标签，注明母本名称及去雄日期。燕麦去雄一般在上午进行。

（2）花粉的采集与授粉　在母本去雄后的 1～3d 内，根据当地实际情况进行采粉授粉（一般在下午 2～5 时进行）。其具体做法是在用作杂交的父本行内，选择具有父本特征特性的健壮植株，挑取刚抽出半穗的穗子，从顶部小穗开始采集已经成熟，但尚未破裂的鲜黄色花药存放于器皿中，待采到足够的花粉时，便可进行授粉。花药要边采集边授粉，放置时间不要超过 4h，授完一个杂交组合后，镊子和盛装花粉的器皿要用 70.0%的酒精擦洗。授粉前，要略加压力将花药弄破。授粉时按去雄的方法，把母本小穗花的护颖、内外稃用镊子轻轻拨开，然后再用镊子从器皿中取 2～3 个花药，在柱头上轻轻擦拭（不要损伤柱头），最后把花药放在柱头上，用镊子轻轻拨动内外稃、护颖，使其恢复原状。全穗授粉完毕，在标签上写明父本名称及授粉时间、授粉人。

39. 燕麦杂交后代的选择方法有几种？如何进行选择？

通过有性杂交所获得的杂交种子，需要经过连续几代的选择和培育，最后才可能选育出符合育种目标的优良品系。其选择方法多种，目前我国燕麦育种单位应用较多的有系谱法、混合法和派生系统法。

（1）系谱选育法 又称单株选择法，是燕麦育种中最常用的后代处理方法。杂种一代（F_1）按组合点播种植，两边种植父母本作对照，行距30cm，株距5cm。F_1一般不进行选择，但要去除与母本一样的假杂种植株、生长发育不良的劣株和混入其中的杂株，以及淘汰有严重不足、表现特别不好的组合。成熟后按组合混收、混脱，标明组合号，妥善保存。杂种第二代（F_2）或复交一代，是后代性状分离最大的世代，植株个体间差异较大，常出现各种各样的变异类型，是选择单株的关键世代。F_2通常按组合点播，行、株距与F_1相同，每个组合播种1 000～2 000株，父母本种在各组合的开头，以便比较。在燕麦生长发育的各个关键阶段，根据育种目标，选择优良单株。选择单株要掌握优良组合多选，一般组合少选，不好的组合不选的原则。成熟时按照组合收获单株，并进行室内考种复选，入选的单株分别脱粒、编号、保存。杂种第三代（F_3），是把杂种二代入选的单株点播成株行，每株种植一行，每行点播100粒，行长3m，行距30cm，每隔9行或19行种植对照品种1行，以便比较优劣。F_3株系间差异明显，株系内仍有分离，选择的重点是先挑优良株系，再从入选的株系中选择优良单株，每个株系一般选留3～5个单株，留作下年继续按单株种植。对于个别表现特别突出而又整齐一致的株系，也可以混合收获、脱粒、编号保存，供下一年进行产量鉴定。杂种第四代（F_4）及其以后各世代，种植和选择方法基本上与杂种三代相同，可灵活掌握。通常燕麦品种间杂交到第四代，已能开始出现较稳定的株行，以后随着世代的增加，稳定一致的株行数目也逐渐增加，因此选择工作的重点，以选株为主逐渐转移到以选择优异的株系为主。但皮、裸燕麦种间杂交后代选择稳定一致的株行收获时，不要混合收获，要把入选株行全部带根拔起单株脱粒，如全行内所有单株均无皮燕麦籽粒时，方可混合留种，供下年产量鉴定。系谱法各世代所选单株都要分别编号，通常采用年份（指杂交年份）组合号—杂种第一次分离的选株号—第二次选株号—第三次选株号，依次类推。这样，新品种育成后，就可追溯其时间、组合、世代、株号以及各世代的性状表现。

（2）混合选育法 混合选育是燕麦育种中常用的一种选择后代的方法。其工作内容分杂种后代的分离纯化和系统选育两个阶段。从 F_1 到 F_4 以组合为单位，实行混收、混脱、混种，除 F_1 淘汰假杂株和表现不好的组合外，一般不进行选择。一直到杂种 F_4～F_5 遗传性状稳定后，大量选择单株，下年进行株行（系）试验，再从中选出优良的株系参加产量比较试验。

（3）派生系统法 是系谱选育和混合选育相结合的一种方法。一般在单交 F_2（复交 F_1）按组合点播，选择优良单株、编号、建立系统。从 F_3 起每个系统分别种植，根据产量表现选留好的系统，不选单株。到 F_4 以后，在好的系统内选择单株，次年种成株行并选择优系，继续进行产量比较试验。派生系统法克服了系谱法工作量大和对产量性状选择过于严格，容易丢失优良后代的缺点，能够较快地掌握优良杂种后代材料。它具有混合法较为简单及保存多样化类型和高产材料的优点。

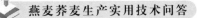

40. 燕麦杂交育种程序包括什么内容？如何进行？

燕麦的育种程序，包括育种亲本的收集、种植、观察和研究，选配杂交组合，进行有性杂交以及对杂交后代的选择培育等内容。

（1）亲本圃 广泛收集国内外的皮、裸燕麦资源以及不同生态区大面积推广的优良品种，作为燕麦育种的亲本材料。通常每份材料种植1～3行，生育期间详细观察其特征特性，收获后考种、整理、归类，掌握其特征特性，力争做到有预见性地选配杂交组合。

（2）杂交圃 经过亲本圃入选的符合育种目标要求的杂交亲本，播种于杂交圃内，以备杂交。杂交圃的种植面积和种植方式，应根据亲本生育期的长短、配制杂交组合的多少和便于杂交等方面确定。通常采取大小行种植，小行距30cm，大行距90cm。为使父母本花期相遇，将亲本材料分期播种，在一般情况下，第一期播种晚熟亲本，隔7～10d播种中熟亲本，再隔7～10d播种早熟亲本。

（3）选种圃 选种圃要选择水肥条件好、肥力均匀一致的地块，有利于杂种后代性状的充分表现。根据杂交后代世代的不同，选种圃可分为杂种一代繁殖圃、杂种二代选择圃和株行圃。

杂种一代繁殖圃：将杂交圃收获的杂交种子按组合单粒点播，两边种植父母本，生育期间拔除假杂株，成熟后按组合或单株收获、脱粒、编号、登记保存。

杂种二代选择圃：按组合分别单粒点播，每个组合两边仍种植父母本，生育期间在优异的组合中选择优异单株，做好标记，成熟时单株收获考种、脱粒、编号、登记保存。

株行圃：包括杂种三代的株行以及杂种三代以后的各株系群的株行。每株种一行，每行点播100粒，每隔9行或19行种植对照品种1行。生育期间在优异的组合中选择优异株行，并在优异的株行内选择优异单株，入选单株做标记，成熟时单株收获考种、脱粒、编号、登记保存。在杂种第四代及其以后各世代的株行中，注意选择整齐一致不再分离的优异株行。

（4）鉴定圃 将上年株行圃入选的优良株行种植在鉴定圃，重复 2 次，采取间比法排列，隔 4～10 个小区设一对照。鉴定参试材料的产量表现及其他优异性状，并对参试材料的特征特性做进一步的观察比较。通过田间观察记载、室内考种、产量测定，最后选出优良的品系进入品种比较试验。

（5）品种比较试验 种植上年鉴定圃入选品系，小区面积 10～15m²，重复 3 次以上，采用随机区组排列，经过 2 年试验，最后对参试品系做出全面的评价。

41. 如何进行燕麦的品种比较试验？

燕麦的品种比较试验，是在品系鉴定的基础上，对新品种的产量潜力、生育表现等做全面研究的试验，确定其有无推广价值。它要求试验地点的气候、土壤条件、田间栽培管理措施等，要与将要推广地区的条件基本相同，要求试验结果准确无误，确切能反映新品种的真实性。

（1）田间设计 试验要求重复 3～4 次，小区面积一般在 14～20m² 之间，形状以长方形为宜，每个品种在各重复中要求随机排列，使同一品种的各个小区均匀分布于整个试验地的不同地段。以当地大面积推广的优良品种为对照，同时应在各重复之间留过道以便观察，四周要种植保护行，以防畜、禽、鸟、兽的危害。为测定新品种的稳定性，品种比较试验一般要进行 2～3 年。

（2）田间观察记载 田间观察记载是评选品种的重要依据。为此，在播种前要设计制订田间计划书记载本，内容包括：品种名称、来源、田间区号、物候期、品种特征特性、产量等。在试验过程中，各项记载要及时进行。除记载上述项目外，还要记载试验过程中的主要气候因素、农事活动项目及时间等。

（3）数据分析 田间试验结束后，要及时对试验结果总结分析。总结分析最简单的方法是首先计算每个参试品种的小区平均产量，根据小区平均产量折算每个品种的亩产量，然后计算每个品种比对照增减产的百分数。在此基础上，根据田间观察的其他性状，对每个新品种做出全面的评价。

42. 燕麦新品种育成后为什么还要进行品种的区域试验和生产试验？

通过引种、系统选育、杂交育种、辐射育种等途径培育成的燕麦新品种所参加的品种比较试验，只是一点一地或较小范围的试验结果，不能确切地反映新品种的区域适应性和丰产性。区域试验就是有计划地将新育成或引进的新品种安排到有代表性的不同生态区域进行品种区域试验和生产试验，明确其适应性、丰产性以及是否有推广价值等，为确定新品种的适宜推广地区和范围提供依据。

燕麦的区域试验有两种形式：一种是由各育种单位和当地种子管理部门共同主持的区域试验，由育种单位提供品种，生育期间组织各参试单位互相观摩评定，收获后各试验点写出试验总结报告，然后由主持单位组织各参试单位共同进行评比总结，最后由主持单位写出品种区域试验总结报告。另一种形式是全国燕麦品种区域试验，在农业农村部的支持下由指定部门主持，其做法与各地组织的品种区域试验大同小异。但无论是品种比较试验还是区域试验，都是在较小的面积上进行的，虽然土壤、栽培管理措施等要求与大田生产一致，然而仍有一定的差距。因此，新品种在进行 2 年区域试验的情况下，还得在大田生产条件下进行生产试验和大面积生产示范。

43. 燕麦良种发生混杂退化的原因是什么？应如何防止？

燕麦良种混杂是指某一品种中混进其他作物或其他燕麦品种的种子。退化是指某良种原有生物学特性的丧失与经济性状降低，导致产量下降，如抗病性丧失、抗旱性减退等。造成燕麦品种的混杂、退化的原因是多方面的，但主要为以下几个方面。

（1）机械混杂 新品种在繁殖推广过程中，由于不按良种繁育规程播种、收获、脱粒、晾晒、储藏、包装、运输等操作，使所繁育的品种混入了其他品种或作物的种子，造成机械混杂。如果是混入其他燕麦品种的种子，称为品种间混杂；混入其他作物或杂草的种子，称为种间混杂。

（2）生物混杂 燕麦虽然是自花授粉作物，但天然杂交率仍达0.04%～1.04%。在目前生产中，野燕麦的发生相当普遍，品种间的机械混杂相当严重，给燕麦发生天然杂交创造了条件，因而导致了基因的分离和重组，使品种的纯度、典型性、产量和品质等降低，种性变劣。

（3）品种本身不纯和基因的自然突变 目前我国裸燕麦育种的主要途径之一是皮、裸燕麦杂交，有些裸燕麦品种育成时，尚未稳定即行推广，在推广繁殖过程中，发生分离。裸燕麦的裸性基因易受外界条件（温度、光照、激素等）的影响，促使良种分离，籽粒中皮燕麦率增加，品质变劣。

根据以上引起品种退化、混杂的原因，为防止燕麦品种退化和混杂，应采取的措施是：

①建立健全以县为单位的良种繁育体系。

②建立严格的良种繁育程序，合理安排良种繁育田的轮作倒茬。注意种子的接收、发放手续；播种前的选种、晒种和拌种等，不同品种分别进行；不同品种的种子田之间要留一定的隔离道，做到单收、单运、单脱、单晒、单藏，标明品种名称、产地、等级、数量等，防止人为混杂。

③在繁种和推广过程中要抓好去杂去劣，将出现的感病株、生长不良株和其他混杂品种去掉。

④用燕麦新品种的原种，每隔3～4年更换一次繁种田的种子，保证所繁品种的纯度和质量。

44. 如何进行燕麦推广品种的提纯复壮?

燕麦品种的提纯复壮，就是去掉杂、劣株，选出具有原品种特征特性、生长健壮的植株，将生产力恢复到品种原有的生产水平。燕麦品种的提纯复壮，根据其退化、混杂的程度，一般采取三年三圃制，即选择单株或单穗，经株行圃、株系圃与原种圃完成提纯复壮；或者采取二年二圃制，即选择单株或单穗，经株行圃、混系繁殖圃完成提纯复壮。其繁育程序分别为：三年三圃制是第一年选择优良单株（穗），第二年种成株（穗）行，进行株行鉴定，第三年种植株系，进行株系比较。入选株系混合脱粒即为原种。二年二圃制只进行单株和株行鉴定，选出株行后混合脱粒，作为原种扩大繁殖，省去株系比较。

45. 如何进行燕麦种子检验？其主要检验指标是什么？

种子检验是燕麦种子工作中很重要的一个环节，主要包括品种的纯度和种子的发芽势、发芽率、千粒重、净度、含水率以及病虫害等的检验。高质量的燕麦种子应当是纯度高、杂质少、粒大饱满、发芽率高、发芽势强、水分含量低、不带病虫害、没有其他品种与作物以及杂草的种子。种子检验包括田间检验和室内检验。

（1）田间检验　是在燕麦生育期间，根据品种的幼苗习性、颜色、株型、叶相、穗形、铃形、株高等特征特性，到繁种田检验某一品种的真实性和纯度，同时对病虫害和其他作物以及杂草混入程度进行调查。检验时间一般在苗期、齐穗后和成熟前。检验前要充分了解品种的特征特性、播种面积、种子来源、栽培情况等，然后分区取样检验。取样点数以繁种田面积大小而确定，通常在5亩以下时取5个样点，5～10亩时取10个样点，10亩以上时每增加1亩增加1个样点。品种纯度（%）＝本品种株数/总检验株数×100。

（2）室内检验 是在室内按规定方法取代表性样品进行检验。其检验项目如下：

①种子净度。指符合播种要求的完好、饱满种子的重量百分率。随机取约50g种子样品两份，挑去泥沙、植物根茎、杂草籽粒等杂质以及其他作物的种子和本品种的破碎种子以后，计算净种子重占试样种子重的百分率。

②发芽率和发芽势。前者指一定数量的燕麦种子有多少能够发芽，后者指该品种的种子发芽的快慢和整齐度。其方法是从检验过净度的种子中随机取200粒，分成2份，在20～25℃的温度条件下进行发芽试验，分别在3d和7d计算发芽势和发芽率（芽长达到种子长度的一半，为发芽标准）。

③种子纯度。燕麦种子纯度的室内检验，一般是根据种子颜色、形状识别的。首先从净度检验后的种子中，随机取样两份，每份500粒（或50g），分别数出本品种的种子和其他品种的种子，计算其品种纯度。

④千粒重。是检验种子饱满度和大小的一个指标。检验方法是将净度检验后的种子混合均匀，随机取样两份，每份1 000粒用千分之一天平称其重量，求其平均重量，两次重量之差不得大于5%。

46. 如何储藏燕麦种子？

种子从收获到次年播种，也就是等待下次播种期间是在室内度过的，且在室内的时间比在田间的时间更长，因此，种子储藏工作显得尤为重要。

（1）储藏条件 良好的储藏条件会延长种子的寿命，保持种子的活力，提高种子的播种品质，为作物的增产打下良好的基础。种子出入库为避免机械混杂应做好以下几项准备：种子入库前首先清净种子存放场地、库房，对所有工具和机械做到一个品种一次彻底清净，防止其他品种种子混入；种子入库前对不同来源、不同品种、不同产地或不同年限的分别进行入库登记，分开存放；种子存放要整齐，为了便于通风和随时检查种子，要适当留有通道；种子库房内外保持清洁，无落地种子或其他杂物；种子入库后标明品种名称、种子数量、产地、产种年限、入库时间及室内各项指标检验结果。燕麦种子水分含量要达到13%以下再入库。

（2）库房温、湿度 种子储藏期间影响种子安全因素是库房的温度、湿度、种子堆温度和仓库害虫。为了做好安全储藏工作，工作人员要定期进行检查，发现问题及时解决。平时注意仓库的防潮和合理通风与密闭。在正常情况下，种温随着气温、库房温度的变化而变化。如果种子温度出现异常高温时，称为发热，必须及时处理，否则种子会出现霉变。种子温度的变化规律一般为：上午6～7时温度最低，最高出现在下午5～6时，上午10时左右气温、仓库温度和表层种温相近。充分干燥的种子，入库完毕后的半个月内，每3d要检查1次，以后每隔7～10d检查1次。冬季种温在0℃以下时，每15d检查1次。水分是种子储藏安全的另一重要指标，如果种子含水量增高，说明储藏环境恶化。种子水分日变化主要表现在种堆表层15cm左右，30cm以下变化很小。一般日出前水分最高，午后4时最低。通常一、四季度每个季度检查1次，二、三季度每个月检查1次。

（3）仓储害虫 种子入库前用药剂对库房和机械设施进行处理，密闭消毒72h，然后通风，24h后可以使用。对堆放种子的库房用磷化铝熏蒸不得超过2次，否则会大幅度降低种子发芽率。

六、燕麦种质资源

47. 我国目前保存的燕麦种质资源有多少？

我国目前保存的燕麦种质资源共 3 488 份（2019 年），其中国内的2 404 份，国外的 1 082 份，未知来源 2 份；裸燕麦 2 033 份，皮燕麦 1 455 份。国内材料主要来自 15 个省、自治区，其中来自山西的居多，为 1 216 份，均为裸燕麦资源；其次是内蒙古，为 530 份，其中，裸燕麦资源 461 份，皮燕麦资源 69 份；来自青海的 190 份，其中，裸燕麦资源 37 份，皮燕麦资源 153 份；来自河北的 111 份，其中，裸燕麦 99 份，皮燕麦 12 份；来自甘肃的 146 份，其中，裸燕麦资源 74 份，皮燕麦资源 72 份；其余少部分来自东北、西北及西南等省（自治区）。

48. 我国保存的优异农艺性状的燕麦种质有哪些？

我国保存的燕麦种质资源，在农艺性状方面差异较大、类型较多，在皮裸性上以裸粒为主。在植株性状方面，有株高最矮仅为 50cm 的种质，如内蒙古 14 号燕麦、山西 8130－2，最高的丹麦 J652－SV1955/2393 达到 175cm；有效分蘖最多的山西广灵大莜麦，有效分蘖达 11.4 个；穗部特征上，晋燕 3 号、晋燕 4 号主穗超长，分别达到 38.4cm 和 39.3cm；主穗小穗数，皮燕麦种质瑞典 NIP 达 80 个以上，来自陕西旬阳的裸燕麦品种最多达 78.7 个；主穗粒重，皮燕麦种质丹麦 Grenader Nloistad 最高，为 8.9g，裸燕麦种质山西小莜麦最高，为 4.9g；千粒重，皮燕麦种质智利 S－14、罗马尼亚 Cenad 88 Ovas 达到 45g 以上，裸燕麦种质山西晋 8616－3－1、内蒙古蒙燕 7475 在 35g 以上；生育期，甘肃黄大莜麦、山西秋莜麦生育期仅 70d，最晚熟的青海白玉麦生育期为 123d。

49. 我国保存的高蛋白燕麦种质有哪些?

通过对《中国燕麦品种资源目录》第二册 1 484 份资源的统计，我国燕麦蛋白质含量变幅为 8.71%～20.50%，平均约为 16.10%，高于 17%的资源 109 份，其中高于 18%的 33 份，高于 19%的 10 份。蛋白质含量最低的是 Bambu I，8.71%；最高的是兰托维斯次，含量为 20.50%。

高蛋白质资源还有：新疆温泉苏鲁（19.96%）、内蒙古武川大裸燕麦（19.60%）、山西代县元裸燕麦（19.42%）、青海湟中裸燕麦（19.06%）等。这些资源的赖氨酸含量占蛋白质的 26.0%～35.5%，含赖氨酸较高的品种有：晋燕 1 号、华北 1 号、华北 2 号和五寨三分三。

50. 我国保存的高脂肪燕麦种质有哪些?

通过对《中国燕麦品种资源目录》第二册 1 484 份资源的统计，我国燕麦脂肪含量变幅为 2.90%～10.57%，高于 8.00%的资源 158 份，其中高于 9.00%的 25 份，高于 10.00%的 2 份。脂肪含量最低的是蒙燕 7710，为 2.90；最高的是品 28，为 10.57%。

高脂肪资源还有：河北品 26（10.18%），四川昭觉堵吉、力堵，内蒙古武川裸燕麦等，脂肪含量均在 9.30%以上。

51. 我国保存的高亚油酸燕麦种质有哪些?

通过对《中国燕麦品种资源目录》第二册 1 484 份资源的统计，我国燕麦亚油酸含量占不饱和脂肪酸的变幅为 32.99%～48.69%，高于 43.00%的资源 94 份，其中高于 44.00%的资源 60 份，高于 45.00%的 26 份，高于 47.00%的 3 份。脂肪含量最低的是青畜 130，为 32.99%；最高的是山西的 7935－11－23，为 48.69%。

高亚油酸资源还有：山西小莜麦（48.32%），新疆的沙湾31、燕麦41、温泉燕麦，内蒙古的左35、左37、小粒14等。

52. 我国裸燕麦种质β-葡聚糖含量如何？

据郑殿升、田长叶等（2006）对来源于中国13个省（自治区）的1 010份和国外引进的4份裸燕麦品种（系）进行的β-葡聚糖含量的鉴定结果，中国裸燕麦β-葡聚糖含量为2.00%～7.50%，其中含量＜3.00%的占6.61%，3.00%～4.99%的占86.4%，5.00%～5.99%的占5.72%，≥6.00%的占1.18%。从品种类型看，地方品种的含量低于育成品种（系）；从来源地看，来自河北、山西、内蒙古的含量较高，来自云南、贵州、四川的含量较低，而来自陕西的含量最低。对鉴定结果分析还可看出，同年不同地点或相同地点不同年份种植的相同品种（系），含量也有一定的变化（0.27%～0.83%）。

53. 抗燕麦坚黑穗病种质有哪些？

通过对《中国燕麦品种资源目录》第二册1 484份资源的统计，对坚黑穗病免疫的资源有324份（感病率0%）。据中国农学会遗传资源学会在1994年和金善宝1991年的研究，抗坚黑穗病皮燕麦种质有：竹子燕麦、黄燕麦6号等；裸燕麦种质有：内蒙古燕麦3号。目前，河北省高寒作物研究所培育的坝莜9号、坝莜18、200242系列品系均高抗坚黑穗病。

54. 抗燕麦红叶病种质有哪些？

通过对《中国燕麦品种资源目录》第二册1 484份资源的统计，绝大部分种质均高感红叶病，极少部分中感或感红叶病。据中国农学会遗传资源学会在1994年和金善宝1991年的研究，抗红叶病皮燕麦种质有：海泡燕麦、民和燕麦；裸燕麦种质有：山西应县小裸燕麦、华北 1 号等。

55. 抗蚜虫燕麦种质有哪些？

1981—1983 年，中国农业科学院作物品种资源研究所对 1 000 多份燕麦资源进行了抗蚜虫鉴定，结果表明：内蒙古丰镇小裸燕麦，山西兴县裸燕麦、汾西裸燕麦、孝义裸燕麦等种质都对蚜虫有抗性。

56. 抗旱性燕麦种质有哪些？

1981 年，中国农业科学院作物品种资源研究所对 1 092 份燕麦资源进行了抗旱性鉴定，结果表明，有 200 多份可抽穗，多为早熟品种，如山西临县的小裸燕麦、内蒙古化德县小裸燕麦、瑞典的索尔福Ⅰ和珊福早纳Ⅱ都比较抗旱。中国农学会遗传资源学会（1994）和金善宝（1991）的抗旱性研究结果表明，抗旱性强的品种有：内蒙古库字 1 号、集宁小粒裸燕麦、化德小燕麦和山西临县小燕麦等。河北省高寒作物研究所培育的坝莜 9 号、坝莜 18、200242 系列品系抗旱性均较强。

57. 优质高产燕麦种质有哪些？

河北省高寒作物研究所从 1996 年开始，用野燕麦草与裸燕麦品种进行远缘杂交，后又用其杂交后代材料与裸燕麦品种进行杂交，成功地将野燕麦草的抗旱耐瘠、抗病、抗倒和裸燕麦的优质高产基因聚合在新选育的裸燕麦品种上，创造出 200215 系列、200233 系列、200242 系列等多份优质高产种质，其中，200242-2-2-1、200242-2-5-1-5-16、200215-13-2-2 等已成为高产、优质、抗性强的品系。2014 年示范种植“200242-2-5-1-5-16” 1.33hm^2 以上，平均每公顷产量 5 250kg 以上，其中康保良种场种植 0.21hm^2，每公顷产量 6 565.7kg。

七、燕麦优质高产栽培技术

58. 燕麦高产田要求什么样的土壤条件？

燕麦适应性广，适宜在多种土壤条件下种植，如黏土、草甸土、壤土等，在弱盐碱地、二阴地、滩地种植也能生长良好。但要达到高产必须创造一个良好的土壤条件，以满足燕麦生长发育的需要。经调查研究，燕麦高产田一般应具备以下的土壤条件。

（1）土壤养分丰富 土壤有机质含量的高低，是衡量土壤肥力的重要标志。有机质含量较高的土壤，养分比较丰富，土壤结构也比较好。根据各地燕麦高产田分析，土壤有机质含量多在1.0%以上，全氮含量在0.1%以上，有效磷含量在20mg/kg以上，速效钾含量在50mg/kg以上。

（2）耕作层深厚，物理性状好 耕作层是燕麦根系集中生长的地方，57%的根系分布在0～20cm的土层中，23%的根系分布在20～40cm的土层中，17%的根系分布在40～100cm的土层中。高产田要求耕作层土壤深厚而疏松。我国燕麦种植区因长期浅耕，松土层很薄，犁底层浅，保水保肥性差，不利于根系向纵深发展。因此，耕作层的深度应逐年加深到25cm左右，使土壤孔隙达到40%以上，土壤容重降低到1.5g/cm^3以下。同时应改善土壤中水、肥、气、热状况，提高土壤保水保肥性能和抗旱能力。

（3）酸碱度适宜 燕麦对土壤的选择不严格，适宜在偏酸性的土壤中种植，土壤pH以5.5～6.5为宜。

59. 如何为燕麦高产创造良好的土壤条件？

（1）深耕 深耕不但可以加深土壤耕作层，增强土壤保水保肥能力和土壤的通气性，提高土壤的抗旱力，而且还可以加速土壤中硝化细菌的活动和繁殖，使土壤中不易为作物吸收的有机氮转化为可吸收的硝态氮。据内蒙古农业科学院土壤肥料研究所研究，耕深由 20cm 增至 33cm 时，耕作层土壤容重减少 0.2g/cm^3，孔隙度由 33.0%增加到 46.0%，土壤含水量提高 1.98%，土壤中硝态氮含量提高 3～5 倍。但耕深不是越深越好，应在原来的基础上逐年加深，防止一次性耕翻太深，将下层结构结实、肥力很低且含有氧化亚铁等有毒物质的生土过多翻到表层，反而造成减产。盐碱土地下层土壤的含盐碱量较高，耕翻过深，会造成上层土壤盐碱含量增加而影响燕麦的正常发育。

（2）增施有机肥 燕麦的生长发育，需要吸收利用多种有机和无机营养物质，这些营养物质，除来自土壤及其本身合成外，主要依靠施肥供给。据报道，在土壤肥力较高的滩、水地生产条件下，亩产 200～250kg 籽粒需要吸收氮素 8～9kg，五氧化二磷 3.5～4.0kg，即每生产 50kg 籽粒需要吸收氮素 1.8～2.0kg，五氧化二磷 0.8～0.9kg；在土壤肥力较低的坡、梁地亩产 50～75kg 籽粒需要吸收氮素 2.0～2.5kg，五氧化二磷 1.0～1.25kg，即每生产 50kg 籽粒需要吸收氮素 1.65～2.0kg，五氧化二磷 1.0kg 左右。无论滩地或坡地，从分蘖至抽穗，对氮、磷的吸收量是随着生育进程而逐渐增加的。但目前我国燕麦产区土壤养分是缺氮、少磷、富钾，有机质含量较低，除占耕地面积 10.0%左右的滩地、草甸土肥力较高，80.0%以上的坡地栗钙土全氮、全磷含量均在 0.06%～0.08%之间，有机质含量不足 1.0%。因此，单靠土壤供给是不能满足燕麦生长发育需要的，必须增加有机肥的施用量，提高土壤有机质、全氮、全磷的含量，改良土壤团粒结构，提高土壤肥力，为燕麦高产创造良好的土壤条件。

60. 北方燕麦区的土壤耕整工作如何进行？

我国北方燕麦区的主要特点是一年一熟，干旱少雨，前作收获后有足够的时间进行土壤耕作。土壤耕整的主要目的是蓄水保墒。因此，搞好土壤的耕整工作，是创造土壤墒情好、熟化程度高的有效措施，为夺取全苗壮苗打好基础。

土壤耕翻的要点是早、深。在前作收获后早进行深耕，充分利用自然降水较多和气温较高的早秋季节，提高土壤含水量和土壤熟化程度。耕翻的深度以 25cm 为宜，但必须因地制宜，坡地、梁地及浅位栗钙土的地块，土层不厚，耕深 15～18cm 为宜；滩地、水地和下湿地，耕深以 20～25cm 为宜。

早秋深耕虽能提高土壤水分，但当年不能促进土壤水稳性团粒结构的形成。因此，保水保墒必须依靠耙、耱、磙、压等整地措施，这是我国北方燕麦产区行之有效的保墒措施，其主要作用是碎土平地、保墒护土、压实表土、填充空隙、防止风蚀。其镇压时间以顶凌镇压效果最好。耙耱镇压的具体应用，要根据不同的土壤质地灵活掌握。坡梁旱地土壤疏松，以耱为主，一般不进行耙地，若进行复耱效果更好；滩地、水地和下湿地，土壤比较黏重，坷垃较多，故应先耙后耱；如果土壤特别黏重，地下水位也高，而且带有盐碱，耕后不耙耱，使之经过一定时间的曝晒和风化后，再进行冬季磙压，既可起到熟化土壤提高地温效果，又可起到防止盐碱上升的作用。或于立春后用圆盘耙碎土耙地，而后进行耱地，如果需要春耕时，要做到耕、耙、耱连续作业。

在有灌溉条件的地区，均应结合秋耕深翻，进行秋冬灌溉，一般以秋灌为最好，如秋灌有困难时，则应进行春灌，时间不要过晚，一般在土壤解冻时立即进行。若要进行春耕，则应耕后灌溉，并进行及时整地。

61. 燕麦田为什么要增加种肥？

我国燕麦产区，由于耕作粗放，有机肥用量不足，土壤基础养分较低，加之气候冷凉，土壤干旱，耕作层浅，结构不良，土壤微生物活动弱，土壤养分矿化过程缓慢，速效性养分较低，不能满足燕麦苗期生长发育对主要养分的需要。据分析测定，在燕麦种植面积较大的丘陵旱地，土壤全生育期的供氮能力每亩仅1.0kg左右，供磷能力每亩仅为0.35kg左右，苗期缺肥症状极为普遍。因此，必须通过增施种肥加以补充。特别是在有机肥不足或不施有机肥的情况下，增施种肥就更为重要。

62. 粪肥做种肥如何施用?

我国北方燕麦产区，素有粪肥做种肥的施肥传统。其施用方式因播种方式不同而不同，主要有粪耧、抓粪、大粪滚籽等。

(1) 粪耧 是在籽耧后边附设的一种与籽耧构造基本相同，专供装肥料用的施肥工具。播种时由籽耧开沟，种子和肥料先后播入土壤中。此种施肥方法因工具的限制，施肥量不大，一般亩施150kg左右。

(2) 抓粪 选用充分腐熟的猪、牛、羊粪，过筛虑细后与种子混合均匀，随犁开沟用手抓放入播种沟内，亩施150～250kg。其主要特点是增加了施肥数量，施肥集中经济，但抓粪操作的技术高低会直接影响播种质量和增产效果。

(3) 大粪滚籽 用腐熟的人粪5～7.5kg，加水2.5kg，加黑矾50g，混合均匀加热使之完全溶解，冷却后滚籽50kg，摊开晾晒即可播种。其注意事项是：必须选择腐熟人粪，加热时间以完全溶解为准，滚籽一定要均匀。若要药剂拌种防治坚黑穗病，不要采用大粪滚籽的方法，以免影响预防坚黑穗病的效果。

63. 什么化肥做种肥效果最好？如何进行氮磷配合施用?

目前我国燕麦产区施用的种肥主要有磷酸二铵、氮磷二元复合肥、氮磷钾三元复合肥、尿素、碳酸氢铵、硫酸铵和过磷酸钙等。实践证明，化肥做种肥，无论是旱地还是水地，都有明显的增产效果。在一般情况下，以磷酸二铵做种肥比较好。由于我国燕麦产区的绝大部分土壤缺磷少氮，单施任何一种肥料其增产效果都受另一种养分的制约，不能充分发挥其增产作用。因此，根据土壤肥力状况实行氮、磷配合施肥表现出明显的正交作用。据试验结果显示：土壤速效磷在12.6mg/kg以下时，氮磷配比为1∶2时效果最好；土壤速效磷在12.6～25.0mg/kg之间时，氮磷配比为1∶1；土壤速效磷在25.1mg/kg以上时，氮磷配比为2∶1时效果最好。

64. 如何确定氮素化肥的施用量？

氮是构成植物体蛋白质和叶绿素的主要成分之一，在燕麦高产栽培中有着十分重要的作用。氮素缺乏的植株，生长发育不良，光合作用功能下降，营养物质的制造和积累减少，产量降低；氮素过多，则容易造成茎叶徒长，茎秆软弱，倒伏减产。

燕麦不同生长发育阶段，对氮素的需求差别很大。从出苗到分蘖期，因植株较小，生长缓慢，需氮量较少；分蘖到抽穗期，随着茎叶的迅速生长，需氮量急剧增加；抽穗后需氮量减少。据资料介绍，每生产100kg燕麦籽粒需纯氮3.6～4.0kg。

氮肥施用量的确定是一个比较复杂的技术问题，各地的试验结果差距很大。一般来说，亩产50kg籽粒需要纯氮2.0kg左右，亩产50～75kg籽粒需要纯氮2.0～2.5kg，亩产200～250kg籽粒需纯氮5.0～9.0kg。在具体实施时，要根据土壤肥力状况、肥料种类、苗情生长动态以及气候条件等因素确定氮肥的施用量。

65. 如何确定磷素化肥的施用量？

磷是满足植物生长发育不可或缺的营养元素之一，施用磷肥可以促进作物更有效地从土壤中吸收养分和水分，促进作物的生长发育，增加籽粒饱满度，提高农作物产量和品质。据内蒙古农业科学院研究，在土壤肥力较高的滩、水地生产条件下，裸燕麦亩产 200～250kg，需要吸收五氧化二磷 3.5～4.0kg，即每生产 50kg 籽粒需要吸收五氧化二磷 0.8～0.9kg；在土壤肥力较低的坡、梁旱地，亩产 50～75kg，需要吸收五氧化二磷 1.0～1.25kg，即每生产 50kg 籽粒需要吸收五氧化二磷 1kg 左右。无论滩地或坡地，自分蘖至成穗，对磷素的吸收量是随着生产进程逐渐增加的。

据各地试验结果，磷肥与氮肥配合施用增产效果比单施氮肥或单施磷肥要好，经济效益最大，所以当前一般以氮、磷肥配合施用为主。在不同土壤肥力、水分条件下，氮、磷配比不同。一般来说，在亩产裸燕麦 50kg 以下的旱坡地上，氮、磷适宜配比（有效成分）为 1∶0.75；在亩产 75kg 左右的中等肥力旱滩地上，氮、磷配比为 1∶0.61，此时经济效益最大；在高肥水滩地条件下，氮、磷配比不超过 2∶1 时，增产效果最好。

66. 磷肥和钾肥对燕麦的生长发育有何影响？如何施用？

在燕麦生育过程中，满足其对磷的要求，可促进糖分和蛋白质的正常代谢，促进根系和分蘖的生长发育，加速植株生长发育进程，提早成熟。磷还可以促进燕麦植株对氮素的吸收利用。钾可促进碳水化合物的合成和转化，使叶片中的糖分向正在生长中的器官输送，促进植株维管束的发育和厚壁细胞组织加厚，对增强燕麦的抗倒伏能力具有重要作用。

我国燕麦产区的土壤缺磷现象比较普遍，而且日趋严重。也由于燕麦田农家肥的施用很少和氮、磷化肥的连年施用，麦田的缺钾问题也日趋明显。燕麦生育期间缺磷，表现为幼苗细弱，生长缓慢，叶尖枯黄逐渐呈紫红色。若生育期间缺钾，植株矮化细弱，节间变短，茎秆软弱，分蘖发生不规则，叶尖、叶边枯死。

缺磷的麦田可亩施过磷酸钙 20～30kg 作基肥，生育期间发生缺磷症状，可用 1%～3%的过磷酸钙溶液进行根外追肥。缺钾的麦田可每亩施氯化钾 10kg 左右作基肥，生育期间发现缺钾症状，可喷施 0.2%的磷酸二氢钾，能起到补磷和补钾的双重作用。

67. 种植绿肥有什么作用？如何种植？

绿肥是一种迟效性的完全肥料，含有多种养分和大量有机质。一般亩施用 500kg 绿肥可增产燕麦 20～30kg。我国燕麦产区主栽绿肥有草木樨、箭筈豌豆、苜蓿等。这些鲜绿肥一般含氮素 0.41%～0.60%，磷酸 0.10%～0.18%，氧化钾 0.40%～0.90%，有机质为 20.0%以上；干草含氮素 2.03%～2.04%，磷酸 0.60%～0.76%，氧化钾 3.69%～4.50%，有机质为 60.0%左右。种植绿肥之所以能增产，就是提高了土壤的供肥性能，改善了作物的营养条件，促进了作物根系的发育，因而提高了抗旱能力和光能利用率。

绿肥主要作基肥施用。坡梁旱地种植绿肥，可在传统的轮歇压青耕作制度基础上，改自然压青休闲为种草（绿肥）压肥，效果更好。一般在 4 月中下旬播种，每亩可播草木樨 1.5～2.0kg，箭筈豌豆 5.0kg 左右，机播、耧播均可。播种深度应视绿肥种类而定，箭筈豌豆以 4～5cm 为宜，草木樨、苜蓿等小粒种子以 2～3cm 为宜。7 月上中旬翻压，一般每亩鲜草产量可达 300～350kg。

复种、套种绿肥，主要适用于夏播燕麦区。这一类型区燕麦等收获后尚有 50～60d 生长期可以利用，可复种箭筈豌豆、毛叶苕和草木樨。套种是在 5 月中下旬将二年生草木樨种子套种在垄背或均匀撒在田间，每亩用种 2.0kg 左右，9 月中下旬翻压时，一般每亩可产鲜草 1 000kg 左右。

68. 旱作燕麦田怎样进行追肥？什么时期追肥效果最好？

燕麦拔节期是需肥的关键期，单靠土壤和种肥供给是难以满足生长发育需求的，必须追施一定数量的氮肥才能获得高产。以往旱作麦田传统的施肥方法是“一炮轰”，即化肥和种子一起播下。这种施肥方法对磷酸二铵或过磷酸钙比较适宜，但是选用尿素则容易引起烧籽烧苗，造成缺苗断垄。为此，改底施尿素为追施，不但可消除烧籽烧苗现象，还可促进次生根的生长，增加水分利用率，有利于水肥交互效应的充分发挥，满足燕麦快速生长期对水分和养分的需求，极显著地提高单位面积产量。

其具体做法是以每亩 3～5kg 磷酸二铵做种肥与种子混合均匀一起播下，到燕麦拔节期即第二次中耕时，结合中耕亩追尿素 5.0kg，可产生明显的增产效果。肥料在雨前、雨中或雨后追施（干撒等雨）均可。此种施肥方法可使燕麦在旱坡地亩产稳定在 120kg 以上，比单施磷酸二铵增产 100%～150%。

69. 叶面喷肥起什么作用？如何进行燕麦叶面喷肥？

叶面喷肥又叫根外追肥，一般在燕麦抽穗后进行。它可以延长叶片的功能期，加强物质的运转，对提高籽粒重和产量有一定的效果。

氮、磷、钾均可进行叶面追肥。抽穗后发现麦田缺磷或缺钾，可用 1.0%～3.0%的过磷酸钙浸出液或 0.2%的磷酸二氢钾溶液喷洒，每亩用水量为 50kg。抽穗后发现缺氮的麦田可进行氮、磷混喷，在原磷钾溶液的基础上，再加 0.5～1kg 尿素。叶面追肥可进行两次，第二次在第一次喷后的 7～10d 进行。

抽穗后的叶面喷施可以与后期的防治病虫害工作结合进行，以节省用工。

70. 燕麦合理的基本苗数多少为宜？如何计算播种量？

合理密植是燕麦栽培的关键技术之一，是在一定的气候、土壤、栽培管理和品种等综合条件下，有效地利用地力和光能，最大限度地提高光合产物的积累，争取穗多、穗大、粒重，以达到高产、稳产的目的。如果密度过稀，往往达不到足够的穗数而不能高产；密度过大，在地力高、肥料多时，容易造成群体过大，增加倒伏减产的风险，在地力低、肥料少时，必然导致个体发育差，也不能达到高产的目的。

基本苗数的确定，要根据地力、施肥水平、播种期的早晚、品种等栽培技术综合考虑，因地制宜地确定。如播种期早、分蘖力强的品种可以适当稀一些；播种期晚、分蘖力弱的品种要适当密一些。目前我国燕麦产区由于干旱、风沙、虫害、杂草、耕作粗放等因素的影响，出苗率普遍较低，一般为实际播种量的70.0%。因此，实际播种量要比理论播种量适当增加一些。其具体播量是：亩产50kg左右的瘠薄旱坡地和旱平地，亩播量为6～7kg，亩基本苗15万～20万株，亩保穗15万左右；亩产50～75kg的一般旱地，亩播量为7～8kg，亩基本苗20万～25万株，亩保穗20万左右；亩产100kg左右的中等肥力旱平地和较肥旱坡地，亩播量为9～10kg，亩基本苗25万～30万株，亩保穗25万左右；亩产150～200kg的肥力较高的下湿地，亩播量为10～12kg，亩基本苗30万～35万株，亩保穗30万左右；亩产200kg以上的肥沃二阴滩地和水浇地，亩播量为12.5kg左右，亩基本苗35万～40万株，亩保穗35万左右。当栽培水平和土壤肥力条件再高时，其播量不宜再相应增加，相反应适当减少，这对穗部经济性状的发育有利，同时还可以依靠部分分蘖穗，达到个体发育健壮和群体相应发展，从而达到高产增收的目的。

$$\text{亩播种量（kg）}=\frac{\text{每亩计划播种粒数}\times\text{千粒重（g）}\times0.001}{1\,000\times\text{发芽率（\%）}\times\text{净度（\%）}}$$

例如坝莜 1 号每亩计划播种有效粒数 30 万粒，千粒重为 23.0g，发芽率为 93.0%，净度为 95.0%，每亩播种量为：

$$\text{亩播种量}=\frac{300\,000\times23.0\times0.001}{1\,000\times93.0\%\times95.0\%}=7.8\text{kg}$$

71. 如何进行种子处理？

播种前进行种子处理，是燕麦栽培技术的重要环节，对于提高种子质量、夺取全苗壮苗、获得丰产有重要意义。种子处理主要包括选种、晒种、药剂拌种等。

（1）选种 选种的作用是清除杂物，选出粒大饱满、整齐一致、养分含量多、生活力强、发芽率高的种子。有利于提高壮苗，对提高产量有一定作用。选种的方法有机选、风选、筛选、粒选、泥水选、盐水选等。机选质量好，效率高，比筛选和风选的效果好。但利用选种机连续清选不同品种时，要严格清扫选种机，以防品种之间的机械混杂。在没有选种机的地方，可在风选、筛选后再进行泥水或盐水选种。泥水和盐水选种，就是把种子放在 30.0%的泥水或 20.0%的盐水中搅拌几次，待绝大部分杂物秕粒浮在水面时，即可去除，然后把沉在水底的种子捞出，放在清水中冲洗干净，晒干留作播种。粒选可以提高品种纯度，保证种子质量，但比较费工，故用的很少。

（2）晒种 播种前选择晴朗的天气，将选好的种子摊放在通风向阳的地方晒种 2～3d，增强种皮的通气性和适水性，提高种子的生活力和发芽率，杀死种皮表面的细菌，减轻某些病害的发生。

（3）拌种 在播种前 5～7d，用拌种霜、多菌灵或甲基托布津拌种，用药量为种子重量的 0.1%～0.3%，以防治燕麦坚黑穗病。拌种时要做到药量准确，搅拌均匀。

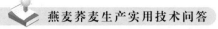

72. 什么是生物产量、经济产量和经济系数？

生物产量是指作物在生育期间生产和积累的有机物总量，即整个植株（不包含根系）总干物质的收获量。经济产量是指栽培目的所需的产品的收获量，一般即指籽粒产量。

作物经济产量是生物产量的一部分，经济产量的形成，是以生物产量为物质基础的。但是，有了生物产量，究竟能获得多高的经济产量，还要看生物产量转化为经济产量的效率，这种转化率称为经济系数，即指经济产量与生物产量的比值，其计算公式为：

$$\text{经济系数}=\frac{\text{经济产量}}{\text{生物产量}}$$

一般来说，高秆品种的经济系数偏低，矮秆品种偏高。发生倒伏和病虫害时经济系数明显下降，高产田的经济系数比低产田高。作物的生物产量、经济产量和经济系数，三者间的关系十分密切。在作物正常生长的情况下，各种作物的经济系数是相对稳定的，因而生物产量高，经济产量一般也较高，所以提高生物产量是获得高产的基础。

73. 我国各燕麦区应选择什么样的增产途径？

燕麦的增产有 3 个途径：一是以主茎成穗为主；二是以主茎成穗与分蘖成穗并重；三是以分蘖成穗为主。这 3 个途径以哪条为主，应根据生产条件的好坏、产量水平的高低、品种分蘖力的强弱和品种生育期的长短决定。

北方夏播燕麦区：品种生育期多在 90～110d，其出苗至分蘖期 11～13d，分蘖至拔节期 26～28d，拔节至抽穗期 12～24d，抽穗至成熟期 47～52d。虽然品种的生育期较长，但出苗期至分蘖期比春播燕麦区少 9d 左右，限制了分蘖的成穗，同时由于北方夏播燕麦区干旱少雨、土壤瘠薄、耕作粗放等条件的限制，产量较低。因此，这一类型区应选择以主茎成穗为主的增产途径。如果增加肥料投入，亩产提高到 150kg 以上，则应在提高单株成穗的同时，适当增加单位面积的基本苗来增加每亩穗数，是由低产向中产水平发展的有效途径。

北方春播燕麦区：品种生育期 90d 左右，其出苗至分蘖期 20d 左右，分蘖至拔节期 18d 左右，拔节至抽穗期 15～18d，抽穗至成熟期 33～38d。虽然生育期比夏播燕麦区短，但出苗至分蘖期比夏播区长 9d 左右，为分蘖成穗创造了条件，同时由于土壤条件和灌溉条件比较好，耕作栽培精细，产量水平较高，一般亩产 200kg 左右。所以，春播燕麦区应选择以主茎与分蘖成穗并重的增产途径为宜。

南方秋播燕麦区：生育期 200～240d，分蘖期极长，品种的分蘖力也较强，该区应选择以主茎与分蘖成穗并重或以分蘖成穗为主的增产途径为宜。

74. 如何做到适期播种?

燕麦的播种期是否适时，对产量的影响很大。播种过早，常因其需水关键期与降水高峰期不吻合而大幅度减产；播种过晚，往往因成熟不好而降低产量。因此，只有适期播种才能有效地利用自然条件中的有利因素，克服其不利因素，充分发挥其他栽培技术的增产作用而获得比较理想的产量结果。

（1）夏播燕麦区 主要包括内蒙古阴山两侧、河北的坝上地区、山西和陕西的北部、甘肃的东南部和宁夏的南部等。该类型区气候冷凉，春季干旱，7～8 月降水量较多，约占全年总降水量的 50%左右。该区从 4 月上旬开始播种，一直延续到 6 月初，特早熟品种最晚可推迟到 6 月下旬，其播种期的适应范围长达

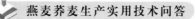

90d左右。在此范围内，不同生态类型区和不同的生态型品种，各有其一定的适宜播种期。该区燕麦的生长发育主要靠自然降水，其播种期主要是考虑燕麦的需水关键期与降水高峰期相吻合的问题。燕麦从播种到抽穗，晚熟品种约60d，中晚熟品种约50d，早熟品种约45d，其需水的关键期是拔节至抽穗期，需水临界期是抽穗前12～15d。因此，在保证正常成熟的情况下，晚熟品种的适宜播期为5月15～20日，中晚熟品种的适宜播期为5月25日左右，早熟品种的适宜播期为5月底或6月初。但无论何类型品种，在二阴滩地和该区相对冷凉区，可提前5d左右播种，沙土地和向阳地可推迟3～5d播种。在水浇地条件下，可不考虑需水关键期与降水高峰期相吻合的问题，而应考虑何时播种有利于燕麦的生长发育，一般情况下，应在4月10～20日播种为宜。

(2) 春播燕麦区 主要包括内蒙古的土默川平原、山西的大同盆地、忻定盆地和河北坝下平川地区以及东北地区。该类型区气温较高，无霜期较长，春旱严重，历年燕麦生育期间的4～7月平均降水量为234.2mm，占年降水量的54.7%。从燕麦播种到抽穗期，降水量仅110.0mm；在燕麦生育期间，气温从6月下旬的21℃左右升高到37℃左右，最低年平均气温达23℃。这段时间正值燕麦的拔节和抽穗期，对其生长发育极为不利。为解决高温和干旱对燕麦生长发育的影响，使其能充分利用返浆水，应采取适期早播的措施，使其抽穗和灌浆期避开高温期。一般情况下，以3月底至4月初播种为宜。

(3) 春-夏播燕麦区 是春播、夏播燕麦区的交错地带，因而称二秋燕麦区。该类型区耕作精细，主要以麦豆间作、套种为主。其适宜播期应介于春播、夏播燕麦区适宜播种期之间。

(4) 秋播燕麦区 主要包括云南、贵州、四川等省低纬度、高海拔的高寒山区。为减轻春旱的影响，通常在10月中下旬播种，但有时也进行春播。播种时间为 3 月下旬至 4 月上中旬为宜。

75. 燕麦有哪几种播种方法？

目前采取的播种方法主要有耧播、犁播和机播。

（1）耧播 是应用时间最悠久的一种播种方法。常用的有三腿耧和两腿耧，行距一般 23～25cm。其优点是播种深浅一致，落籽均匀，出苗整齐。在春旱严重、土壤墒情较差时，利用耧进行探墒播种，对于保证全苗有较好效果。

（2）犁播 是内蒙古、河北、山西等地常用的一种宽幅密植播种法。一般行距 30cm，播幅 7.5～10.0cm。其优点是播幅宽，下籽多，单株营养面积大，利用光能效果好，但开墒面大，犁底沟不平，覆土深浅不均，出苗成熟不整齐。

（3）机播 是用拖拉机牵引 3 行、6 行、12 行或 24 行播种机播种的一种方法。此方法既有耧播的优点，又有犁播的好处，而且速度快、质量好，适用于有条件的平地和川地。

76. 燕麦的适宜播种深度是多少？

燕麦的顶土能力较强，对播种的深度要求不是很严格，但播种太深会形成较长的地中茎，大量消耗养分，造成出苗迟缓，出苗率降低，不利于培养壮苗；播种过浅，常因少雨干旱和表层土壤水分不足而不能及时出苗或出苗不全形成二茬苗。因此，确定适宜的播种深度对夺取燕麦丰产是栽培技术中很重要的一环。我国燕麦产区气候条件差异悬殊，播种深度要分别对待，北方的播种深度以 4～6cm 为宜，早播的要适当深一些，晚播的要适当浅一些，干旱少雨地区和土壤墒情不好的年份，播种要适当深一些；南方地区的播种深度以 3～4cm 为宜。

77. 播后镇压有什么作用？

播后镇压是保证燕麦全苗齐苗的一项重要措施。其作用是使种子与土壤接触紧密，土壤压实后毛细管作用加强，土壤下层水分容易升到表层，有利于种子吸水萌发出苗；破碎土块，减少露籽，提高出苗率；沉实土壤，减少水分蒸发，保蓄土壤水分；减轻沙性土壤表土风蚀。

镇压的方法主要是磙压，要随播随压。如间隔时间长，接墒保墒的效果降低，失去其镇压的意义。土壤黏湿的地块，播后暂不镇压，待表土晾干后再进行轻压。

78. 如何选用和布局优良品种？

我国燕麦主要分布在华北、西北和西南以及东北地区。产区之间的自然、地理条件相差悬殊，栽培制度、品种类型以及生产上存在的问题都不相同，因而形成了明显的自然区域。按照自然条件和地理位置等，大体可分为夏播燕麦区、春播燕麦区和云贵川高原秋播燕麦区，这些不同的生态类型区，对品种的要求各有其特点，因此要因地制宜地选用和布局优良品种。

（1）夏播燕麦区 是我国燕麦的主产区，主要有内蒙古阴山丘陵、河北坝上地区、山西雁北地区、宁夏六盘山地区、甘肃和陕西的黄土高原区、青海民和及湟中等地区。这一类型区的气候特点是海拔高、气温低、降水少、日照长，限制燕麦产量提高的主要因素是干旱、低温、风沙、土壤瘠薄、耕作粗放等。该类型区的瘠薄旱地要求品种抗旱、耐瘠、中晚熟，前期生长发育慢、分蘖力较强，后期能在低温条件下正常灌浆成熟，亩生产潜力50～100kg的水平，以选用坝莜3号、冀张莜5号、冀张莜6号、内农大1号、内农大2号、晋燕13等晚熟品种为宜；一般平滩地和较肥平坡地要求品种抗旱、抗倒、中熟、分蘖力强、成穗率高、亩生产潜力100～150kg，以选用坝莜1号、坝莜8号、坝莜9号、冀张莜4号、内燕4号、晋燕9号、白燕1号等中熟品种为宜；水浇地和二阴下湿地，土壤肥沃，地下水资源丰富，增产潜力较大，要求品种具有抗倒、抗病、早熟、高产（亩生产潜力200kg以上）等优良性状，以选用坝莜6号、白燕2号等早熟高产品种为宜。

（2）春播燕麦区 主要包括内蒙古的土默川平原、山西大同盆地和忻定盆地以及东北吉林、黑龙江、辽宁和内蒙古东部等地。这一生态类型区自然条件好，年降水量350～450mm，年平均气温5.0℃左右，≥10℃年积温2 900℃左右，无霜期130～140d，燕麦收获后还有50多d的生长期，所以燕麦的种植多采用玉米套种或复种的耕作制度。该类型区土壤肥沃，耕作精细，具有灌溉条件，是我国平均产量最高的地区。倒伏、病害、夏季高温是影响燕麦生产的主要问题，从而要求在此类型区种植的品种需抗倒、抗病、抗早衰，早熟或中早熟，亩产能达到200kg以上的水平，以选用坝莜6号、蒙燕7413、白燕系列等早熟高产品种为宜。

（3）云贵川高原秋播区 主要包括云南昭通地区、贵州毕节地区、四川凉山地区。该类型区的燕麦分布在海拔2 000m以上的高寒地带，年平均气温10℃以上，4～7月降水量450～550mm，日照时数700h左右，无霜期150d以上，土壤瘠薄、耕作粗放、春旱和锈病是这一类型区生产上的主要问题。目前生产上应用的品种多为农家种，弱冬性，对光照反应不敏感，丰产性差，但抗寒性强，品质好，适应性强，一般亩产50kg左右。据全国区域试验证明，北方春性大粒品种，在该区春播或秋播均可正常成熟，多数品种的抗逆性和产量比当地品种好。因此，在加强当地品种选育工作的同时，应积极引进北方旱地优良品种。

79. 燕麦田中耕有什么好处？何时中耕效果最好？

旱地燕麦前期生长缓慢，单位面积株数较少，田间郁闭程度低，抑制杂草生长能力差，而且正值旱季，应及时进行中耕灭草，不仅能够切断土壤毛细管，减少下层土壤水分蒸发，还可减少大量杂草对养分的消耗；同时中耕可使表土疏松，减少地表径流，更多的接纳雨水，提高雨水的利用系数。据内蒙古农牧业科学院调查，雨后及时中耕比不中耕，土壤水分含量可提高 0.4%～2.2%；中耕 1 次比不中耕土壤水分相对提高 3.5%～5.4%；中耕 2 次比不中耕土壤水分相对提高 5.1%～7.7%。由此可见，中耕对提高燕麦产量的效果是十分明显的。

燕麦的中耕锄草，要掌握由浅到深“锄早除小灭草”的原则。当幼苗长到 2 叶 1 心到 3 叶 1 心时，进行第一次中耕，要求浅锄、细锄、不埋苗，对于消灭杂草、破除土壤板结、提高地温、减轻盐碱和杂草危害，促进幼苗生长发育具有重要作用；第二次中耕锄草的适宜时期是分蘖后期至拔节前进行，此时地温高，中耕利于灭草、松土，减少土壤水分蒸发；第三次中耕锄草的适宜时期是拔节后封垄前进行，此时进行中耕锄草，既可减少土壤水分的蒸发，又可借助中耕适当培土，可起到壮秆防倒的作用。对于杂草多、土壤下湿黏重且带盐碱的地块，中耕时间要适当提前。

80. 如何提高燕麦分蘖的成穗率？

燕麦分蘖能否成穗与分蘖发生早晚、营养和光照条件密切相关。一般在主茎第四片叶伸出，主茎生长点开始伸长的前后长出来的低位分蘖，由于出生早，叶片数较多，具有自身的根系，营养条件好，幼穗分化进程正常，与主茎穗发育差距小，大多数均能成穗。在燕麦分蘖中后期产生的中小分蘖，因其叶面积小，光照和营养条件差，缺乏独立的根系，幼穗分化滞缓，发育不完全，拔节后陆续死亡，成为无效分蘖。因此，提高分蘖成穗率的主要措施有：①适期播种，使幼苗在适宜的生长温度下形成一定的低位分蘖；②适量稀播、匀播，改善麦苗的光照条件；③适当浅播，减少低位分蘖的缺位；④施足基肥，早施分蘖肥，促进低位分蘖早发快长，提高成穗率。

81. 水地种植燕麦什么时期浇水效果最好?

燕麦是耐旱性较强的作物，在水地条件下种植，通过适时浇水，满足燕麦生长发育对水分的要求，对提高燕麦的产量具有重要作用。一般情况下，在燕麦长到 3～4 叶时进行第一次浇水，这一时期是燕麦开始分蘖、小穗分化时期，此时浇水对燕麦产量影响较大；在拔节至抽穗期，进行第二次浇水，这一时期是燕麦营养生长和生殖生长并重时期，是需水肥关键期和水肥最大效率期，浇水可达到穗大、穗多、粒重的目的；在开花至灌浆期，进行第三次浇水，这一时期正处于高温时期，及时浇水，既可满足燕麦因高温对水分的迫切需要，又可创造良好的田间小气候。若这个时期缺水，会严重影响燕麦籽粒的饱满程度，导致产量和品质下降。

82. 如何浇好分蘖水?

在一般水肥条件下，燕麦第 3 片叶停止生长时开始分蘖，同时生长次生根，主穗顶部小穗开始分化。因此，第一次浇水应在 3～4 片叶时进行。第一次浇水的早晚，对燕麦的产量影响较大。据试验，3～4 片叶时浇水比 5 片叶时浇水增产 7.8%～15.1%。早浇水与早播种要密切配合，早播种的燕麦 3～4 片叶期气温低，浇水后地上部营养生长不致过旺。播种过晚，即便在 3～4 片叶期浇水，因气温相对较高，幼苗生长迅速，地上部分徒长，导致后期倒伏。盐碱地浇头水要适当推迟，浇水后要及时松土，以免返盐死苗。第一次浇水时因幼苗较小，要小水慢浇，在杂草较多时，浇水前最好先除草，浇水后要及时松土。第一次浇水以促为主，可结合浇水进行适量追肥，以供给幼穗分化阶段对水分、养分的需求，对促进根系发育，提高分蘖成穗率，增加每穗小穗数十分重要。

83. 如何浇好开花灌浆水？

燕麦从抽穗到成熟阶段的耗水量占总需水量的20%左右。如果开花期遇干旱高温，就会出现柱头干枯，妨碍受精、结实。在籽粒灌浆期间出现干旱，灌浆就提早结束，粒重就会降低，造成减产。所以，在有水浇的条件下，根据土壤墒情及时浇好开花灌浆水，使土壤保持足够的水分，是夺取燕麦高产的关键。多年实践证明，浇好开花灌浆水必须注意以下几点：

（1）适时浇水。在燕麦达到开花期时浇开花水，开花后10～15d浇灌浆水，满足燕麦开花、灌浆对水分的需求。

（2）灌浆水要在燕麦前期灌水的基础上进行。若前期未浇过水的麦田，常因土壤疏松、持水量大，土壤水分呈饱和状态，会引起根系早衰、粒重降低而减产。在这种情况下，浇水时间要提早到抽穗期燕麦根系生长旺盛时进行。

（3）灌浆水要掌握小水轻浇，水量要小，地面不可积水，刮风时停止浇水，以防倒伏。

84. 燕麦生长后期为什么不能浇大水？

燕麦生长后期不能浇大水，有多方面的原因：

（1）燕麦生长后期，植株生理活性降低，对水分要求减少，籽粒灌浆主要依靠茎秆和叶片中储存的养分转移，此时浇大水，有可能造成燕麦贪青晚熟，不能正常成熟、收获。

（2）燕麦生长后期，常有大风天气，此时浇大水很容易引起倒伏。

（3）在排水不好的田间，大水浇后积水，可能导致燕麦植株早衰、提前死亡，籽粒不能正常成熟，造成空粒、瘪粒现象。

85. 燕麦倒伏的原因是什么？如何防止？

燕麦栽培中存在的突出问题是倒伏与丰产的矛盾，这是限制其产量提高的一个主要因素。燕麦倒伏分两种类型：一类是根倒，一类是茎倒。根倒是整个植株连同处于土壤中的根系一起倾斜倒伏；茎倒是在茎的基部发生折断，使地上部植株倾斜倒伏。

导致倒伏的原因是多方面的，主要是土壤肥沃、施肥过量，上部茎叶徒长，植株重心上移等；土壤耕作层浅，土壤结构不良，根系下扎不深，后期遭受大风大雨等气候，从而使根系失去稳固植株的作用而发生倒伏；群体过大，遮蔽严重，光照不足，茎的基部第一、第二节间徒长，节间长度增加，坚硬度降低，不能承受上部重量的压力而发生倒伏；品种本身秸秆软、韧性差，抗倒伏力弱。

防止燕麦倒伏的主要措施是：

（1）加深耕作层 适当加深耕作层，努力创造一个水、肥、气、热相协调的土壤条件，使根系深扎土壤中，是增根壮秆的重要措施。

（2）适当早播 燕麦适当早播，苗期较长时间处于低温状态，有利于幼穗和根系生长发育；拔节期干旱少雨，有利于控秆蹲节，限制植株过度生长，使得基部节间缩短，茎秆粗壮，提高了燕麦抗倒伏能力。春播燕麦区适当早播，对防止倒伏尤为重要。

（3）合理密植 燕麦的倒伏与密度有很大关系，密度过大，通风不良，茎秆细弱，容易倒伏。但密度过小，不宜高产。因此，要合理密植，掌握好群体的发展动态，可以有效地防止茎倒的发生。

（4）巧施水肥 在水浇地条件下，要早浇分蘖水，以3～4叶时浇水追肥为宜。晚浇拔节水，以燕麦第一节间已经停止生长时浇水为宜，结合浇水进行必要的追肥。浇好灌浆水，以浇小水、勤浇水为宜。

（5）选用抗倒伏品种 防止倒伏的根本措施是选用抗倒伏性强的优良品种。在目前的燕麦品种中，以选用坝莜9号、冀张莜4号、白燕2号、坝莜3号、坝燕4号、白燕7号等抗倒伏性强的品种为宜。

86. 如何确定燕麦的适时收获期？

燕麦成熟很不一致，当花铃已过，穗下部籽粒进入蜡熟期、穗上部籽粒进入蜡熟末期时，即可进行收获。此时籽粒干物质积累达到了最大值，茎秆尚有韧性，收割时麦穗不易断落。特别是北方夏播燕麦区常有大风危害，收获不及时，常因大风落铃落粒而造成减产。春播燕麦区时值雨季，收获不及时，常因大雨造成倒伏，不仅收割不便，还会导致籽粒发芽，秸秆霉变，降低籽粒和饲草的品质。总之，燕麦的收获是一项突击性工作，一旦成熟，要适时收获，否则可能丰产而不丰收。

八、燕麦主要病虫草害及其防治

87. 我国燕麦主要病害有哪些？

我国栽培的燕麦各类型品种都不同程度地感染各种真菌、细菌病害和病毒病。目前世界上已有记录的燕麦病害有50多种，分布极广，时常引起严重损失。在我国，有记录的燕麦病害共18种，常见的病害主要是燕麦坚黑穗病、散黑穗病、红叶病、白粉病、秆锈病、冠锈病、条锈病、叶斑病、炭疽病、细菌性条斑病、孢囊线虫病、镰孢枯萎病、赤霉病等。

88. 燕麦黑穗病的危害程度如何？

燕麦黑穗病分为坚黑穗病和散黑穗病。燕麦坚黑穗病又名黑霉、乌霉、霉霉、黑疸，感染植株，从出苗到抽穗期症状不明显，病株长相和健株基本一样，但到灌浆后期病株穗部不形成籽粒，而被黑褐色厚垣孢子堆取代，其外包被坚实的灰白色薄膜，厚垣孢子黏结不易分散，收获时仍呈坚硬块状，故称坚黑穗病。病小穗紧贴穗轴，于成熟前易破裂散出黑粉，称为散黑穗病。

燕麦坚黑穗病遍布国内外燕麦种植区，是世界燕麦产区最严重的病害之一，也是我国燕麦种植区较普遍的严重真菌性病害，不同年份、不同品种发病率不同，发生严重的品种可达90％以上。据调查，2009年山西大同阳高县宁莜8号燕麦坚黑穗病发病率为22.5％；2010年内蒙古集宁的燕2007坚黑穗病发病率为15％，坝莜3号发病率为13.0％，甘肃通渭县花早2号坚黑穗病发病率达45.0％。2011年内蒙古武川大豆铺燕2007坚黑穗病发病率为9.0％，甘肃定西安定区定莜8号坚黑穗病发病率为15.0％，陇西福星镇9628－3发病率高达30.0％。全国因黑穗病每年损失粮食近千万斤。

89. 防治燕麦黑穗病的主要措施有哪些？

防治燕麦黑穗病的主要措施有三，即选用抗病品种或无病菌的种子；合理轮作倒茬；药剂拌种。

国内外试验资料表明，不同的品种对燕麦黑穗病的感染程度存在着明显差异。凡前期生长发育快、单株分蘖力低的品种田间抗病力强；反之，生育期长、分蘖力强的农家品种，抗病力弱或极弱。因此，选用抗病良种具有较好的防病效果。选用无菌种子是从根本上切断黑穗病的初始侵染源，在防病措施上尤为重要。

也可采用综合农业措施防治燕麦黑穗病，如调节播种期，田间及时拔除病株，实行豆科—小麦—马铃薯—燕麦—亚麻—豆科等5年轮作制，防止土壤等残存的病菌发生再侵染。

最行之有效的措施是播种前用药剂拌种，处理方法为：

（1）用立克秀以种子重量0.1%～0.2%的用药量拌种。

（2）用25%三唑醇，或20%粉锈宁，或25%萎锈灵，或50%苯菌灵，或50%拌种霜，或立清（20%澳苯腈+20% 2甲4氯），以种子重量0.2%～0.3%的用药量拌种

（3）用50%福美双或50%克菌丹以种子重量0.3%～0.5%的用药量拌种。

（4）用多菌灵、甲基托布津等可湿性粉剂以种子重量0.2%～0.3%的用药量拌种，并闷种3～5d，防治效果更好。

90. 什么是燕麦红叶病?

燕麦红叶病，是一种由大麦黄矮病毒（BYDW）引起的病毒性病害。在我国最初发现于1951年，由于它的寄生范围很广，除可侵害大麦、小麦、燕麦、高粱、玉米、谷子外，还能侵害36种禾本科杂草，所以本病又称为禾谷类黄矮病。

幼苗得病后，病毒在叶、茎、根筛管细胞质内自我复制，从外表上看，病叶开始发生在中部，自叶尖变成紫红色，叶的正面较背面为浅，尔后沿叶脉向下发展，逐渐扩展成红绿相间的条纹或斑驳，病叶变厚、变硬，后期呈枯红色，叶鞘紫红色，病株有不同程度的矮化、早熟、枯萎现象。由于病毒导致韧皮部畸形，干扰糖类的正常输送而溢出外面，使腐生性真菌得到良好的繁殖条件，后期常呈黑色的外观。田间最初发病的植株，称为中心病株，多出现在村庄附近和向阳、窝风处。

91. 怎样防治燕麦红叶病?

燕麦红叶病不能由种子、汁液、土壤等途径传播，只能通过蚜虫传播，这些传毒蚜虫叫作传毒介体。至今，已知能传播这种病毒的蚜虫有10多种。在我国主要是麦二叉蚜和麦二管蚜。

在常年蚜虫开始出现之前，于田间、地头向阳、窝风处及时检查，一旦发现中心病株，要及时喷药灭蚜控制传毒。其方法是：

(1) 用80%敌敌畏乳油3 000倍液喷雾，或用50%辛硫磷乳油2 000倍液喷雾，或用20%速灭杀丁乳油3 000～5 000倍液喷雾，或每亩用40.7%乐斯本乳油50～70mL兑水喷雾，或每亩用50%避蚜雾可湿性喷剂10g兑水50～60kg喷雾。

(2) 消灭田间地埂周围杂草，控制寄主和病毒来源。

(3) 播种前用内吸剂浸种或用内吸剂制成颗粒拌种，如用40%甲基异柳磷乳油浸种，用药量为1kg兑水100kg喷拌燕麦种子1 000kg，晾干后播种，是一项简便易行的有效防蚜措施。

(4) 选用抗病、耐病品种。

(5) 改善栽培管理，增施氮、磷肥及合理配比，促进早封垄，增加田间湿度，减少黄叶，保持绿叶数量。控制蚜虫数量是减轻红叶病的有效方法。

92. 什么是燕麦秆锈病?

燕麦秆锈病，又名红锈、黄疸，能广泛寄生于燕麦属的各个种，是双胞锈菌属的9个生物种的一个种群。燕麦秆锈病是专性寄生菌，普通小檗是它的转生寄主，其性孢子和锈孢子要在小檗上度过，而后转到燕麦植株上。燕麦秆锈病在内蒙古集宁地区，出现于7月中、下旬，其发病症状颇似小麦秆锈病，始见于中部叶片的背面，初为圆形暗红色小点，逐渐扩大，可穿透叶肉，致使叶片的正反两面都有夏孢子堆，其后向叶鞘、茎秆、穗部甚至护颖、小花颖壳发展。夏孢子堆暗红色，梭形，可连片密集呈不规则斑。由于病斑处大量散失水分，消耗叶肉养分，致使染病组织早衰、早死，遇大风天气病株易折断。

在适宜条件下，病斑产生大量的夏孢子，会借助雨水、昆虫、风等进行传播，在低洼下湿滩地、种植密度大通风不良、氮肥施用过多植株贪青徒长的情况下，发病尤为严重。

93. 防治燕麦秆锈病的方法有哪些?

（1）选用抗锈病高产良种，或用25%三唑醇可湿性粉剂120g拌种处理种子100kg。

（2）消灭病株残体，清除田间杂草寄主。

（3）避免连作，实行“豌豆—小麦—马铃薯—裸燕麦—亚麻—豌豆”轮作。

（4）加强栽培管理，多中耕，增强植株抗病能力，合理施肥，防止贪青徒长晚熟，多施磷、钾肥促进早熟。

（5）一旦发病，要及时喷药控制。每亩用25%三唑酮可湿性粉剂3.5g，在发病初期兑水50L喷雾；或每亩用12.5%速保利可湿性粉剂12～32g，在感病前或发病初期兑水75L喷雾；或用12.5%粉唑醇乳油33～50mL，在锈病盛发期兑水喷雾；或每亩用20%萎锈灵乳油2 000倍液喷雾。

94. 什么是燕麦冠锈病？如何防治燕麦冠锈病?

燕麦冠锈病是真菌性病害，就世界范围而言，冠锈病比秆锈病为害更严重。该病病斑（夏孢子堆）为橘黄色圆形小点，稍隆起，散生不连片，发生严重时亦可连成大斑，最后破裂散出黄色粉末（夏孢子）。在燕麦生育阶段，以夏孢子的不断再侵染，使病情加重。冠锈病一般发生于叶片、叶鞘，收获前，在夏孢子堆的基础上形成冬孢子堆，冬孢子堆暗褐色或黑色，在叶片上为圆形点斑，在叶鞘上呈长条形，但不破裂。病菌夏孢子与燕麦秆锈病相似，浅黄色，圆形，（16～23）μm×（16～21）μm，表面光滑；冬孢子亦为双胞柄生锈菌，但上端的一个细胞为指状突起，恰似皇冠因而得名，其长宽为（35～105）μm×（12～21）μm。

燕麦冠锈病的发病条件与秆锈病相似，燕麦冠锈菌是一种转主寄生的长循环菌，夏孢子和冬孢子世代均发生于燕麦，性孢子和锈孢子世代发生在鼠李上。

培育选用抗病、丰产的多系品种，是经济有效的方法。据报道，已从野红燕麦的杂种后代中，获得对现有冠锈病小种具有显著抗性的新品种。药剂防治及农业防治措施，可参考燕麦秆锈病。

95. 什么是燕麦线虫病？

燕麦线虫的雌虫孢囊体长 0.1cm、宽 0.06cm，柠檬状；雄虫长 0.18cm、宽 0.08cm，蠕虫状，透明。燕麦线虫一年一代，幼虫由孢囊中孵化出来，聚集在土壤中，春季长大后潜入寄主根部吸取养分，经过 4 次蜕变发育而成为雌、雄成虫。雌虫在燕麦皮层内形成一个黏液状卵袋，呈 Ω 形，雄虫则在根部周围，卵受精后保留在孢囊里，雌虫生殖能力平均 300～320 粒卵。到 6 月孢囊出现，固定在根冠，由于卵体发育，孢囊外覆盖白色的膜，随后呈块状脱落，裸露出坚硬的、咖啡色的瘤状体，大的孢囊体 10～14cm。

感染线虫的燕麦植株，通常生长衰弱，矮小，穗缩短，籽粒干瘪，强烈分枝，接近土表的植株部分具有斑点，生长紊乱，被害株茎秆往往倒伏。

96. 防治燕麦线虫病的主要措施有哪些？

线虫的传播途径主要是借寄主植物的种子作远距离传播。此外，线虫也可以通过土壤进行传播。因此，防治要从以下 4 个方面进行：

（1）加强植物检疫，严防其由病区传入。

（2）与非感染性作物进行 5～7 年轮作。

（3）药剂拌种。用含有阿维菌素种衣剂进行包衣，晾干后即可拌种。

（4）土壤处理。播前病田亩用 10％灭线磷颗粒剂或 0.5％阿维菌素颗粒剂 3～5kg 进行土壤处理。

97. 我国燕麦害虫主要有哪些？

我国燕麦害虫约有 11 类 60 多种，但没有专一性的害虫，为害燕麦的害虫都属于麦类、禾谷类的杂食性害虫，其中地上害虫主要有蚜虫、黏虫、草地螟、土蝗、夜蛾等；地下害虫主要有金针虫、蛴螬、蝼蛄、地老虎等。

98. 黏虫有什么样的形态特征和生活习性？

黏虫，又名粟夜盗虫、虸蚄虫、五花虫、行军虫等，是我国禾谷类作物的毁灭性害虫之一，通常在 7 月上中旬或 7 月下旬为害，第一代黏虫的幼虫大量咬食叶片，有时咬断嫩枝、幼穗，使整个燕麦植株成为光秆，减产极重。

成虫：淡灰褐色，雌蛾体长 17mm，翅展 37mm，雄蛾略小。前翅中近前缘有两个淡黄色的斑纹，翅中央有一个明显的小白点，白点两侧有一个小黑点，从顶角至后缘末端 1/3 处有黑色斜纹一条，翅外缘有小黑点 7 个。雄蛾体色较浓暗，前翅中央的圆纹较明显，雄蛾后翅有 1 根翅缰，雌蛾有 3 根。

卵：比小米粒还小，馒头形，成排地产在植物叶缝内，初产时乳白色，逐渐变黄，将孵化时为铅黑色，有光泽。

幼虫：一般为黄褐色或黑褐色，头部棕褐色，在颅中沟及蜕变线的两侧，有粗大的黑褐色“八”字形纵条纹。背中线白色，亚背线稍带蓝色，气门线淡赤黄色。腹足外侧具黑褐色的宽带。幼虫蜕皮 5 次，共 6 龄。

蛹：长 19mm，赤褐色，有光泽，腹部背面第五～七节接近前一节处有明显的点刻排列成横线。蛹的尾端有 1 对粗大的刺钩，大刺两旁各有 1 根较细短、略弯的小刺。

目前，已知黏虫在我国北方不能越冬，北方虫源由南方迁飞而来，黏虫在华北燕麦产区发生 3～4 代，西北地区发生 2～3 代，华北、西北均以第一代幼虫为害最重。成虫始见于 6 月上中旬，白天潜伏在秸草堆、土块下或草丛中，晚间天黑后不久及天亮前活动最盛，出来取食、交尾、产卵。成虫趋光性弱，而对糖、醋、酒及其他发酵带酸、甜味的东西趋性很强。成虫喜栖息在避风、靠近蜜源植物的田里，6 月下旬至 7 月上旬产卵，卵多产在枯黄的叶尖、叶鞘及茎上，一头雌蛾能产卵 500 粒，多至 1 800 粒。卵经 4～5d 孵化，孵化的幼虫潜藏在心叶取食，一经触动吐丝下垂，常不易发现，3 龄后食叶呈缺刻，5～6 龄达暴食期。3 龄后的幼虫，白天潜藏在土下，午后、晚间出来取食，幼虫的食量在 1～4 龄为总量 5%，5～6 龄时占总量 95%。幼虫有假死性，在食物缺乏或环境不宜时还有成群迁移习性。

99. 防治黏虫的方法有哪些?

防治黏虫要抓好几个关键，即做好预测预报，掌握虫情动态，最大限度地消灭成虫；把幼虫消灭在 3 龄之前；大发生时要防止其转移蔓延。由于黏虫的成虫迁飞能力强，幼虫爬行速度快，必须联合连片防治，才能真正起到防治效果。

(1) 预测预报 燕麦产区的各县（旗）要按照不同的自然区域，采用统一的方法制作黏虫诱杀器，设置预测预报点，每点固定专人，于5月中旬开始放置诱杀器。诱杀液按红糖30％、醋40％、酒10％、水20％配比，放在诱杀器中，每天清晨检查诱到的总蛾数、雌雄比例、抱卵情况，当一台诱杀器连续3天诱到100只以上成虫时，立即向各区、乡发出预报，进行捕蛾采卵。

(2) 灭蛾采卵 在6月下旬至7月上旬成虫盛发期，利用废糖蜜或酸菜汤加少许敌百虫液，搅拌均匀成毒液，毒液置盆内保持33cm左右深，每天傍晚将盆放在田间1～1.5m高的木架上，每10亩放一盆捕杀蛾。

(3) 草把诱蛾灭卵 每亩地插50个谷草把，每把谷草3～5根，长0.5m，各草把先用40％乐果乳剂20倍液浸湿晾干插入田间。一般情况下，经20～35d，谷草把仍保持较强的杀卵和消灭刚孵化幼虫的效力。

(4) 药剂防治 在幼虫3龄之前要及时进行喷药防治。主要药剂及喷药浓度为：80％敌敌畏乳油800～1 000倍液，25％喹硫磷1 000～1 500倍液，20％灭幼脲三号1 000倍液，1.5％抑太保乳油1 000倍液，5％卡死克乳油4 000倍液，40％菊杀乳油2 000～3 000倍液，40％菊马乳油2 000～3 000倍液，20％氰戊菊酯2 000～4 000倍液，茴蒿素杀虫剂500倍液等。如幼虫龄期增加，用药量及浓度应相应增加。

在药剂药械缺乏，虫龄较大时，可利用幼虫假死习性，在上午或傍晚捕杀幼虫。在黏虫大发生时，为防止迁移蔓延，可采取挖沟封锁，使幼虫局限在少数地块，在其迁移过程中消灭。

100. 土蝗的种类及防治方法有哪些?

土蝗俗称蚱蜢，种类繁多，除成群远飞的飞蝗外，都可称为土蝗。在裸燕麦产区为害比较普遍，严重的有6种：大垫尖翅蝗、黄胫小车蝗、短星翅蝗、长翅黑背蝗、花胫绿纹蝗、宽翅曲背蝗。

土蝗的生活习性各不相同，一年发生 1 代或 2 代，均以卵块在土中越冬。据研究，内蒙古、山西、河北省土蝗一般一年发生 1 代，5 月中下旬幼蛹从卵孵化出土，蜕皮 4～5 次，即 5～6 龄变为成虫，雄蛹龄期少于雌蛹。土蝗飞翔能力较弱，不像飞蝗成群的远飞，喜欢栖息在荒坡的草丛中，产卵于荒山荒坡的表土层内，做成长袋状土室，排列紧密，产卵后封好土室口。幼蝗跳跃力极强，但不会飞翔。

土蝗的食性极为复杂，除为害燕麦外，几乎什么都吃。分布极广，无论荒坡、农田、沼泽、滨海地、山地等都有存在和为害，有时甚至造成粮荒和草荒。

消灭土蝗，必须在经常发生蝗灾的老蝗区设立测报点，加强观察，掌握蝗蝻发展动态，适时防治，保护农田不受为害。具体方法是：

（1）老蝗区要设立永久性或半永久性的预测预报点，组成一个测报网，固定测报员，长期坚持查卵、查蝻、查成虫的“三查”工作，确切掌握、预报土蝗的动向，为防治工作提供依据。

（2）消灭幼蝻。幼蝻多在向阳山坡活动，跳跃力不强，抗药能力弱，要采取随出土随防治的方法，消灭在幼蝻阶段。如果这一环节没抓好，可在幼蝻进入农田之前，在农田与荒坡之间喷一药带，药带的宽度应根据土蝗种类、蝗蝻龄期不同而异，以便做到因虫制宜，经济有效。一般宽度为 1.67～3.33m，常用 75% 乙酰甲胺磷可湿性粉剂 1 000～2 000 倍液喷防或撒毒饵效果好。

（3）消灭成虫。土蝗入农田后要尽快消灭，此时土蝗抗药能力较强，所以用药量要适当增加。近年来，开展飞机防治，用马拉硫磷、敌敌畏超低量防蝗，每亩用药 1～1.5kg，防治效果达 80.7%～99.8%。

101. 草地螟的发生规律及防治措施有哪些?

草地螟属鳞翅目螟蛾科。其成虫是暗褐色的中型蛾子，体长8～12mm，翅展12～26mm。前翅灰褐色至暗褐色，翅中央稍近前方有一个近似方形淡黄色或浅褐色斑，翅外缘为黄白色，并有一连串的淡黄色小点连成条纹，后翅黄褐色或灰色，近外缘有两条平行的波状纹。卵椭圆形，卵面稍突起，底部平，长0.8～1.0mm，宽0.4～0.5mm，乳白色，有珍珠光泽。幼虫头黑色，有明显的白斑；前胸背板黑色，有3条黄色纵纹；体黄绿或灰绿色，有明显的暗色纵带，间有黄绿色波状细线，体上疏生刚毛，毛瘤较显著，刚毛基部黑色外围着生两个同心的黄白色环；老熟幼虫体长19～21mm。蛹长8～15mm，黄色至黄褐色，蛹为口袋形的茧所包住；茧长20～40mm，直立于土表下，上端开口以丝状物覆盖。

草地螟是一种广食性的食叶害虫，初龄幼虫常先取食杂草，再转移为害作物，在叶背吐丝拉网，藏在网内食叶肉组织，3龄幼虫开始出现为害，食叶穿孔而留下叶脉和叶柄，大发生时，高龄幼虫严重为害叶片及嫩茎，使受害植株绝产。草地螟在东北及内蒙古、山西、河北、甘肃、青海、陕西等地一般每年发生2代，部分地区可发生3代，以老熟幼虫在土中越冬。在每年发生2代的地区，越冬代成虫始见于5月中下旬，6月为盛发期。第一代卵发生于6月中旬至8月中下旬，而6月下旬至7月上旬是严重为害期，幼虫期20d左右。第一代成虫在6月中旬至8月出现，迟羽化的延至9月。第二代幼虫在8月上旬至9月下旬发生，幼虫期17～25d，一般为害不大，陆续入土越冬，少数可在8月化蛹，羽化为第二代成虫，不产卵而死亡。

针对草地螟的发生为害规律，可采取以下防控措施：

(1) 秋季进行耕耙，破坏草地螟的越冬环境，增加越冬期草地螟死亡率。

（2）春季在越冬代成虫产卵后而卵未孵化前铲除田间及地边的杂草，集中处理，可杀死一部分卵，并减少早期孵化幼虫的食料，对减轻其为害有一定作用。

（3）当麦田 3 龄前幼虫达到 15～20 头/m^2 时，用 90%敌百虫或 80%敌敌畏乳油 1 000 倍液，或 40%乐果乳油 1 500 倍液，或 40%辛硫磷乳油 1 000 倍液，或 4.5%高效氯氰菊酯乳油 1 000 倍液喷雾进行防治。

102. 为害燕麦的地下害虫有什么发生特点？

地下害虫多在播种后和幼苗期为害，主要为害燕麦的种子和幼苗，常因地下害虫的为害造成缺苗断垄，严重时毁种重播。燕麦没有专一性地下害虫，为害燕麦的害虫都属于麦类、禾谷类的杂食性害虫，主要有：金针虫、蛴螬、蝼蛄、地老虎。

（1）金针虫 又叫铁丝虫、黄蚰蜒，金针虫种类有沟金针虫、细胸金针虫、褐纹金针虫 3 种。生荒地或草滩地附近农田多发生细胸金针虫，开垦年久的农田多为沟金针虫，两者均普遍发生于燕麦产区，且为害较重，尤以沟金针虫为害最大。金针虫 3 年完成一代，以幼虫咬食已播种的燕麦种子或苗根部，造成燕麦不发芽或幼苗枯死，致使幼苗缺苗断垄，导致减产。土壤温度平均在 10.8～16.6℃时活动为害最盛，也是防治的关键时机。冬季潜居于深层土壤中，以幼虫或成虫越冬。

（2）蛴螬 因其成虫有金属光泽，体圆形，故称金龟甲；因其幼虫体白胖，多皱纹、体弯曲，故俗称核桃虫。在华北燕麦产区为害农作物的蛴螬共有 10 多种，但以朝鲜黑龟甲为害最烈。蛴螬食性极杂，常咬断幼苗植株根部，使之枯黄而死。蛴螬 2 年发生一代，以成虫或幼虫在土壤中越冬，越冬幼虫于翌年 5 月为害燕麦根部，老熟幼虫在土中化蛹，3 周后羽化为成虫。成虫越

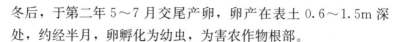

冬后，于第二年5～7月交尾产卵，卵产在表土0.6～1.5m深处，约经半月，卵孵化为幼虫，为害农作物根部。

（3）蝼蛄 俗称拉拉蛄、土狗，有两种，即华北蝼蛄和非洲蝼蛄。华北蝼蛄2～3年完成一代，非洲蝼蛄一年完成一代，两者都以成虫或若虫越冬，在4～5月气候温暖时开始活动，越冬后的蝼蛄食量大，故为害较重。蝼蛄喜温湿，昼伏夜出，喜栖息于疏松湿润土壤或水位较高的盐碱地，雨后活动甚烈，除在土壤中咬食种子、幼苗外，在它窜上活动时拉断作物根系，使幼苗干枯而死。

（4）地老虎 俗称地蚕、切根虫，有黄地老虎、小地老虎、白边地老虎、大地老虎、八字纹地老虎、警纹地老虎6种。华北燕麦产区，按其出现早晚为序是：小地老虎最早，3月下旬至4月上旬出现，其后是黄地老虎和白边地老虎，5月份出现大地老虎。常夜间活动，对甜、酸、酒味都有强烈的趋性。产卵于土块或草丛下，初孵化出的幼虫先在地上的嫩叶取食，食量不大，待到3龄后昼伏夜出转入土内，食量显著增加，为害作物根部，甚至把根咬断，有时把咬断的植株拖入洞内。老熟幼虫于6月下旬或7月初化蛹，蛹羽化后又行迁飞，故在燕麦产区一年发生一代。

103. 如何防治地下害虫？

（1）诱杀成虫 对地老虎可按防治黏虫的办法，在成虫盛发期田间设置诱杀液（废糖蜜加酸菜汤，稍加白酒，再加敌百虫100倍液少许），蛴螬、蝼蛄可用灯光诱杀或马粪诱集捕杀。

（2）人工捕杀幼虫 对地老虎可在每天早晨在受害植株附近挖土捕杀，对蛴螬可采取犁地拾虫，对蝼蛄可沿蝼蛄隧道捕杀其若虫、卵。

（3）药剂拌种 每500kg种子用50%辛硫磷乳油0.5kg加

水25～50kg拌种，防控效果可达90%以上，药效可维持2～3个月。也可用25%七氯乳剂0.5kg加水10～15kg拌种100～150kg，随用随拌。

金针虫、蝼蛄发生为害区，还可用毒谷、毒饵防治。毒谷的制法是用干谷5kg，煮至半熟捞出晾干，加辛硫磷0.5kg搅拌均匀，每亩用毒谷1～1.5kg，随种子撒入播种沟内。蛴螬发生区还可用土壤消毒的方法，每亩用辛硫磷粉剂0.5～1.0kg，拌土25kg，随撒随翻。

104. 麦类（穗）夜蛾发生为害规律及防治方法有哪些？

麦类夜蛾属鳞翅目、夜蛾科，寄主范围比较广泛，除燕麦外，尚能为害小麦、大麦、黑麦，也能在老芒麦、披碱草上产卵，一年发生一代，以老熟幼虫在田间或地埂表土下、芨芨草墩下越冬。翌年4月越冬幼虫出蛰活动，4月底至5月中旬幼虫化蛹，预蛹期6～11d，蛹期44～55d。6～7月成虫羽化，6月中旬至7月上旬进入羽化盛期，白天隐蔽在麦株或草丛下，黄昏时飞出活动，取食小麦花粉或油菜。交尾后5～6d产卵在小麦第一小穗颖内侧或子房上，一般成块，卵期约13d。幼虫蜕皮6次，共7龄，历期8～9个月。初孵幼虫先取食穗部的花器和子房，吃光后转移，老熟幼虫有隔日取食习性，6～7龄幼虫虫体长大，白天从小麦叶上转移至杂草上吐丝缀合叶片隐蔽起来，也有的潜伏在表土下或土缝里，9月中旬幼虫开始在麦茬根际松土内越冬。

针对麦类（穗）夜蛾的发生为害规律，可采取以下防控措施：

（1）利用成虫趋光性，在6月上旬至7月下旬安装黑光灯诱杀成虫。

（2）掌握在4龄前及时喷洒80%敌敌畏乳油1 000～1 500

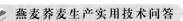

倍液或 90%晶体敌百虫 900～1 000 倍液。4 龄后白天潜伏，需要防治时应在日落后喷洒药剂。

(3) 麦收时要注意杀灭麦捆底下的幼虫，以减少越冬虫口基数。

(4) 设置诱集带。该虫成虫羽化后交尾前以取食油菜花蜜为主，其高峰期的出现正值当地大面积油菜盛花期，且喜欢在早熟的青稞、小麦等作物穗部产卵，同一小麦田中混杂的青稞及早熟小麦上产卵最多，受害最重。根据这一习性，在小麦田四周及中间按规格种植青稞及早熟小麦，则能诱集成虫产卵。同时，由于麦类夜蛾幼虫有 3 龄前在颖壳内为害穗粒，4 龄以后幼虫转移取食的习性，待诱集带产卵后幼虫转移前，将诱集带及时拔除或喷药，就会大大减少虫源，达到保护大田麦类不受害的目的。

105. 防止燕麦储藏期间发生霉变的方法有哪些？

(1) 控制水分及粮堆温度 水分是影响燕麦发生霉变的主要因素，较高的粮堆温度可以加速霉变的发生，因此燕麦应贮藏在干燥和低温环境中。在实际贮藏过程中，由于太阳光对粮仓壁的照射、害虫的活动和气温降低时粮堆表层温度的下降，会造成粮堆不同部位间存在温差，相应发生水分的转移，在低温部位水分聚集，致使霉菌滋生，发生霉变。因此，应经常注意通风。可采用翻堆和倒仓的方法，也可采取自然或强制通风措施。低温贮藏的温度一般要比常温低至少 5℃。

(2) 密闭与气调贮藏 霉菌属于好氧性真菌，当燕麦进行密闭贮藏时，粮堆内的氧气可以降低至 0.2%以下，从而抑制绝大多数霉菌的活动，达到防霉的目的。但有些情况下，密闭贮藏时燕麦粒上存在的一些厌氧菌及酵母菌活跃起来，发酵产生有机酸及二氧化碳，使燕麦品质受到影响。气调贮藏通过调节粮仓中二氧化碳气体或氮气，来降低环境中氧分压以抑制霉菌活动，达到防霉目的。粮堆中的二氧化碳含量一般要保持在40%以上或氮气含量保持在90%以上。

（3）化学药剂防霉 在生产实践中应用的防霉剂种类很多，主要有以下几种：

丙酸及其盐类：丙酸是一种挥发性脂肪酸，为无色透明液体，有刺激性气味，可与水混溶。其钙盐、钠盐为白色粉末，也易溶于水。丙酸及其盐类对霉菌和好气性芽孢杆菌有明显抑制作用，对酵母和其他细菌不起作用。

山梨酸及其盐类：山梨酸为无色或白色结晶，具有酸味及微弱的刺激气味，对光、热稳定，易氧化。由于山梨酸溶解度较小，实践中较常使用的是山梨酸钾和山梨酸钠。山梨酸及其盐类对霉菌和酵母菌有很强的抑制作用，可大大延长保存时间，是最安全的食品抑菌剂。

二溴乙烯：二溴乙烯是谷物和油料有效的杀菌熏蒸剂，能有效抑制谷物上黄曲霉的生成积累，大大提高食用的安全性。

106. 如何进行燕麦储藏期间的管理？

（1）定期检查通风设施，保证通风。

（2）定期检查雨露、受潮情况，保证贮藏环境低温干燥。

（3）定期检查捕鼠器，及时清理捕获的老鼠。

（4）定期熏库，杀灭虫害。

（5）定期抽检，判别籽粒水分含量变化和气味，及时发现问题，并采取有效措施。

（6）对变质的问题燕麦，及时出库。

107. 燕麦酶活性对燕麦品质有何影响？有何灭酶方法？

燕麦籽粒中脂肪含量高（一般8%左右），其中不饱和脂肪酸比例较大，油酸即占9%左右，不饱和脂肪酸容易发生氧化变质。同时，燕麦籽粒中含有多种脂肪氧化酶类，如磷酸酶、脂肪氧化酶等，可促使脂肪酶解、氧化。燕麦种子在正常贮存情况下，这些酶能把脂肪转化成种子发芽所需的营养物质，但如果用来磨粉或加工产品，这些酶会促使脂肪氧化，导致产品发生酸败，不能长期保存。因此，在磨粉或加工燕麦米、燕麦片等产品之前一定要进行灭酶。

灭酶处理除了可增加燕麦和燕麦产品的保质期，在磨粉时，可提高出粉率，制得的燕麦粉色泽光亮，淀粉糊化有利于食品加工；在加工燕麦片时，可调整燕麦籽粒含水量，增加韧性，减少切粒时籽粒破碎，降低损失；在加工燕麦米时，可使燕麦米的外观更加美丽，籽粒变脆变软、色泽黄亮。此外，经灭酶处理会产生风味物质，发出燕麦特有的香味。

目前灭酶处理方法主要有 5 种：常压蒸汽灭酶、加压蒸汽灭酶、传统炒制灭酶、远红外烘烤灭酶和微波灭酶。

108. 西北地区燕麦田主要杂草有哪些?

西北地区燕麦田双子叶杂草主要有：藜、马齿苋、反枝苋、猪毛菜、刺藜、酸模叶蓼、苍耳、圆叶锦葵、牻牛儿苗、打碗花、苦菜、蒲公英、田旋花、扁蓄、野荞麦苗、驴耳风毛菊、卷茎蓼、野胡萝卜、野西瓜苗、蒺藜、米口袋、地锦、青蒿、黄花蒿、刺菜等。

西北地区燕麦田单子叶杂草主要有：狗尾草、野稷、虎尾草、马唐、早熟禾、稗草等。

109. 怎样防除燕麦田杂草?

单子叶杂草是燕麦田除草的难题，多数防除单子叶杂草的除草剂对燕麦都有毒害作用，不能用于燕麦田除草。田普是一种土壤处理除草剂，能防除燕麦田 90%以上的单子叶杂草，使用剂量为每亩150～180mL，加水60kg。也可在燕麦播中后出苗前进行土壤喷雾处理，防治燕麦田双子叶杂草。

防除燕麦田双子叶杂草，还可选用以下除草剂：

(1) 40%立清乳油 在燕麦苗期、拔节期或抽穗期进行叶面喷雾防除双子叶杂草，使用剂量为每亩80～100mL，加水30kg。

(2) 40%立清乳油+苯磺隆 在燕麦3～4叶期进行叶面喷雾，每亩混用剂量为40%立清乳油750mL+苯磺隆0.225g，加水30kg。

如果田间双子叶杂草较多，可以先在燕麦播种后出苗前使用田普进行土壤喷雾，然后在燕麦苗期、拔节期或抽穗期使用立清乳油，或使用立清乳油+苯磺隆混合液，在燕麦苗3～4叶期进行叶面喷雾，使用药剂量和水量同上。

110. 燕麦田为什么不能使用2,4-滴丁酯除草?

燕麦田使用2,4-滴丁酯除草，可有效地防治双子叶杂草，但燕麦的正常生长发育也会受到影响。据试验，燕麦三叶期喷施2,4-滴丁酯，减产10%左右，拔节期至孕穗期喷施2,4-滴丁酯，大约减产20%以上，而且导致裸燕麦品种的皮燕麦率明显增加，品质变劣，产量大幅度降低。因此，燕麦田不能使用2,4-滴丁酯。

111. 在什么条件下使用除草剂“田普”效果最好?

水浇地条件下浇水后或旱地条件下降雨后土壤比较湿润，这时使用“田普”除草，可使药剂在土壤表层能充分延展和下渗，利于形成2～3cm厚的药土层，达到充分封闭的目的，除草效果比较好。在高温条件下使用“田普”除草，因药剂可在土壤表层能够充分延展，除草效果比较好。

九、燕麦利用与开发

112. 燕麦的传统风味小吃有哪些？如何制作？

裸燕麦营养丰富，食用价值高，是我国燕麦产区人民的主要粮食作物。用燕麦制作的风味小吃主要有以下几种。

（1）莜面（燕麦面）**窝窝**

做法：取莜麦面 500g，加沸水 500～600mL，用筷子或搅面棒充分拌匀，反复用力将面揉成团；在特制的石板或木板上将揉好的莜面团揪成小剂，搓成高 3.0cm 左右、厚 0.5～1.0mm、直径 1.5cm 左右筒状小卷，有序地立在蒸笼上；将笼放在开水锅上蒸 5～8min，取出放入准备好的热汤或凉汤即可食用。

特点：形似蜂窝，柔和喷香。

（2）莜面面条和莜面饸饹

做法：取莜麦面 500g，加开水或凉水 500～550mL，用筷子或搅面棒充分拌匀，然后将面揉成团；将面团揪成小剂，用手在面板上或用双手搓成直径 2～3mm 的细条，或者用饸饹床子压成饸饹，均匀地摊在蒸笼上（厚 1～2cm），放在开水锅上蒸 5～8min，取出放入准备好的热汤或冷汤即可食用。

特点：形状像团好的面条，柔韧喷香。

（3）莜面锅饼

做法：取莜面 500g，加开水或凉水 600mL，用筷子充分拌匀，再用手反复用力揉成团；将面团做成厚 0.5cm、宽 5～10cm 的小饼，然后用力贴在尖底锅中，锅底加上水，加中火 10min 左右，取出即可食用。

特点：脆香可口，适口性好。

（4）莜面糕

做法：取莜面 500g，开水或凉水 750mL，将水入锅加火烧开，然后边加火边撒面，用筷子或擀面杖反复用力搅拌，使之成为糕状。停火加盖焖 5～10min 后出锅，放入已准备好的凉汤或热汤即可食用。

特点：制作简便，柔软可口。

(5) 莜面饂饦 主要有以下两种做法。

蒸饂饦：取莜面 1 000g，加水 600mL（边加水边搅拌）搅拌成直径 1～3mm 的颗粒或粒片，放入蒸笼蒸 10min 即可食用。

打饂饦：取莜面 1 000g，水 800mL，锅底加水烧开，将莜面慢慢撒入沸水中。双手各拿 3 只筷子在莜面上反复对插，插至莜面成直径 3～5mm 的颗粒为止，加盖微火焖 5min 即可食用。

特点：制作简单，味美爽口，食后耐饥。

(6) 莜面土豆鱼

做法：莜面 500g，土豆 2 500g。土豆洗净入锅，加水 500mL，中火将土豆煮熟，停火焖 10min；土豆去皮凉冷、捣碎，加入莜面拌匀，用手反复用力搓揉成莜面土豆面团；将面团揪成小剂，分别搓成小鱼，均匀放入蒸笼中，置开水锅上蒸 5～8min，取出后放入羊肉口蘑汤、酸菜汤中即可食用。

特点：形似小鱼，柔软爽滑。

(7) 莜面土豆烙饼

做法：把食盐、葱花拌匀备用；按做莜面土豆鱼的做法做出莜面土豆面团，将食盐和葱花均匀地揉在面团内；将面团揪成若干小剂，每个剂擀成圆形薄饼；平底锅烧热，薄饼下锅，两面刷油，烙成金黄色即可食用。

特点：饼薄柔软，喷香味美。

(8) 莜面土豆饂饦

做法：莜面 500g，土豆 2 000g，葱花 10g，食盐 5g，植物油 50mL。土豆入锅，加水 500mL，中火焖熟。土豆去皮、冷却、捣碎，加莜面揉拌均匀。炒锅上火，放入饂饦炒熟备用。炒锅加油烧热，放入葱花、餽馇、食盐，翻炒3～5min即可食用。

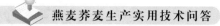

特点：味美爽口，风味甚佳。

(9) 莜面蒸饺

制馅：将800g马铃薯切成薯丁，100g韭菜切成0.5cm小段，加上适量的植物油、花椒粉、姜末、葱花、食盐、味精等，搅拌均匀即成（羊肉或牛肉馅均可）。

包饺：莜面500g（也可加马铃薯淀粉100g），加开水1 100～1 200mL和成面团，揉均分剂擀皮后，包馅成型，上笼蒸10～15min即可食用。

特点：皮柔馅香、味美可口，营养丰富。

113. 目前开发的燕麦系列产品有哪些？

(1) 燕麦片 燕麦片是降脂、降糖研究较为深入的燕麦食品，是我国最重要的燕麦加工食品之一。按照营养价值、风味和主要原料来分，分为燕麦片和复合麦片；根据加工工艺和食用方法的不同，分为预煮燕麦片和快熟燕麦片。预煮燕麦片也叫原燕麦片，食用时需要经过煮沸约5min；快熟燕麦片也叫即食麦片，食用时用沸水冲泡加盖焖2～3min即可食用。

燕麦片生产工艺流程：打芒—清理—（分级）—灭酶—（切粒）—压片—糊化—干燥—筛选—灭菌—冷却—包装。

①清理及筛选。裸燕麦表面均有少量绒毛，通过物料与物料、物料与设备间的摩擦，将绒毛打磨掉，同时还可以使燕麦籽粒表面清洁光亮。

②清理。主要是清除燕麦原料中含有的沙石、杂质、变色变质燕麦粒、燕麦皮壳、混杂的荞麦等其他杂粮颗粒，以改善燕麦片外观和冲泡性。为了进一步提高燕麦片品质，在清理后还应该进行燕麦籽粒的分级，按照燕麦籽粒的大小进行分级，以利于后续工序按照籽粒大小进行调节。分级一般按照燕麦籽粒长度进行

即可。分级后的燕麦籽粒较均匀，加工后的燕麦片大小和外形均匀，糊化度较一致，加工过程中损耗降低，冲泡后的口感也较好。

③灭酶。清理和分级后的燕麦粒需要进行蒸煮灭酶。在一定的蒸汽作用下，燕麦籽粒经过近10min的蒸煮灭酶，可以使脂肪氧化酶失活，改善燕麦和燕麦片的贮藏性和货架期。灭酶过程还具有调整燕麦籽粒含水量，增加其韧性的作用，减少切粒时籽粒破碎带来的损失。

④切粒。对于快熟燕麦片加工，则还需要在灭酶后进行切粒。在旋转切粒刀的作用下，燕麦子粒沿轴向被分割为2～4节。这样，燕麦表面积和外露面积显著增加，有利于改善燕麦片的冲泡性。不过，也有部分企业以不进行切粒的燕麦压片后生产的燕麦片。这类燕麦片外观更完整，但需要蒸煮3～5min后食用口感才更好。切粒燕麦片和非切粒燕麦片营养成分和健康作用方面基本没有区别。

⑤压片。切粒或不切粒后的燕麦进行压片。为使燕麦片冲泡性更好，可以通过压片增加其吸水表面积。将燕麦粒喂入双辊压片机，形成均匀的燕麦片。如果燕麦籽粒含水量和温度达不到加工要求，还需要在压片之前对籽粒进行加湿、加热，使物料含水率达17%左右。

⑥糊化。压片后的燕麦片要再次进行蒸煮，以尽可能促进燕麦淀粉的糊化，改善冲泡性。一般糊化是在100℃的蒸汽条件下处理20min左右。

⑦干燥。糊化后的燕麦片水分较高，需要进行干燥。压片后的燕麦片较易破碎或成粉末，因此，干燥时要尽可能减少振动和冲击。干燥时一般不采用气流干燥，而采用控制振动幅度的振动流化床干燥机进行干燥。干燥后的燕麦片含水量要达到国家标准要求的10%以下。

⑧筛选。由于加工过程中部分燕麦片破碎为粉末或者细小的颗粒，因此，为了保证燕麦片良好的外观，部分企业在干燥后对燕麦片进行筛分，以提高燕麦片的均一性。

⑨灭菌。为了防止微生物繁殖，在包装前或者包装时可以采用微波杀菌对燕麦片进行杀菌处理。最后在干燥、恒温、湿度较低的环境中保存。

混合麦片与复合营养麦片生产工艺流程：

混合麦片则是以上述方法生产的燕麦片添加一定量的果干、营养强化剂等得到的。混合麦片与复合营养麦片的最大差异在于，混合麦片的主要成分必须是燕麦片，果干和营养强化剂只是辅助的、少量的。混合麦片的口感与燕麦片也没有太大差异。而复合营养麦片中即使包含有一定成分的燕麦，燕麦也只是原麦片的一个原料。

复合营养麦片的生产实际上包括两个部分。一部分是原麦片的生产，另一部分是配料混合与包装。原麦片的生产由配料、混合、上浆干燥与造粒筛分等工序完成。生产的原麦片再与砂糖、麦芽糊精、植脂末等混合均匀后包装即可。原麦片的配料主要由小麦粉、玉米粉、燕麦粉、大米粉、大豆粉、砂糖、麦芽糖、奶粉、香精等组合而成，而且配方依生产商不同差异很大。配料在搅拌机中加水后混合均匀，然后利用滚筒式干燥机在140℃左右进行上浆和干燥，得到一定厚度的薄片。然后将干燥得到的薄片再经过整形为均匀一致的较小颗粒就得到了原麦片。原麦片与其他配料进行混合生成复合营养麦片，即可进行包装。

（2）燕麦米　燕麦米是一种食品质量安全、营养价值高、保健功能效果明显，并被广泛认可为口感润滑、口味愉快、香味自然、绿色、健康、天然的餐桌佳品。燕麦米基本包括3种类型：整粒型生燕麦米、破皮型半熟燕麦米及切断型全熟强化燕麦米，其生产工艺流程如下。

①皮燕麦加工基本工艺流程：皮燕麦—清理除杂—脱壳—清理打毛—着水—烘烤灭酶—保温—降温、排湿—二次清理—定量包装—成品。

②裸燕麦加工基本工艺流程：裸燕麦—清理打毛—着水—烘烤灭酶—保温—降温、降水—二次清理—定量包装—成品。

(3) 燕麦膨化产品 在燕麦片中掺加少量的玉米粉、大米粉，经膨化后粉碎而成的碎片，可加营养蛋黄、乳粉（脱脂或全脂）、香精、芝麻、干果碎片，或枸杞、山楂、黄芪、葡萄干、葵花仁等制成多种膨化燕麦产品。

(4) 燕麦饮品 燕麦可以用于制作燕麦乳饮料、燕麦纤维饮料、混合燕麦饮料、燕麦固体饮料和燕麦酒精饮料。

①燕麦乳饮料。指以燕麦为主要添加物并配以适量的乳汁加工而成，分为液态饮料、固态冲剂及片状混合剂。此类产品蛋白质含量较高，适宜于广大婴幼儿饮用。

燕麦乳是燕麦的水提取物，属于植物蛋白饮料的范畴，它不仅含有燕麦中的大部分可溶性营养成分，还有一些不溶于水的物质，如膳食纤维、不溶性蛋白质以及脂肪等，在对燕麦进行磨浆时也进入了燕麦乳体系中。燕麦乳营养丰富，其中蛋白质含量、β-葡聚糖和不饱和脂肪酸含量均比较高，经常饮用可以起到降血脂、降血糖、增强免疫力、抗氧化等作用。

②燕麦纤维饮料。是从燕麦麸皮中提取膳食纤维，再和高效糖化酶、柠檬酸、低聚糖等原料混合制成的新型保健饮料。燕麦膳食纤维饮料酸甜可口，风味和色泽也较理想，经常饮用可有效增加可溶性膳食纤维的摄入量。

③混合燕麦饮料。根据营养学原理，考虑膳食平衡，以精心挑选的燕麦作为主要原料，并加入荞麦、糙米、玉米、大豆、红豆等多种谷物营养，生产出爽口顺滑、香甜浓郁的谷物蛋白饮品称为混合燕麦饮料。此类饮料口感特性变化多样，可以根据不同

地区不同人群调配不同口感的合适饮品。

④燕麦固体饮料。目前市场上尚无统一的燕麦固体饮料生产工艺流程，借鉴通用固体饮料生产工艺，可以分成片型和粉状两种。

燕麦片型固体饮料是指以燕麦片或速溶燕麦片为主，搭配其他调味辅料混合均匀而成。而燕麦片生产工艺流程又可分为两种：一是燕麦经清理、润麦、炒制、粉碎、压片等工序依次处理后，形成有一定形状的片状物，再与其他物料混合而成。饮料冲调后，燕麦片悬浮于体系之中，但仍然在很长时间内保持一定的片状结构。二是燕麦经清理、粉碎后，经滚筒式干燥机干燥成片状，再粉碎成一定粒度的片状结构而成。这类饮料冲调后，燕麦片的溶解性较好，经一段时间后片状结构会溶解成均匀的悬浊液。

粉状燕麦固体饮料是指将燕麦炒制后粉碎、过筛，或者将燕麦粉炒制后加工而成的产品。产品在冲调时呈现黏稠的糊化物。

⑤燕麦酒精饮料。主要包括燕麦黄酒、燕麦杆杆酒、燕麦甜醅3种。

燕麦红曲黄酒是利用红曲发酵燕麦而成，其主要发酵工艺为：红曲米和水按1∶1（W∶V）混合后置于23℃培养箱中活化5h。挑选优质燕麦常温浸泡12h［燕麦∶水＝1∶2（W∶V)］，将燕麦沥干，按照1∶1.2（W∶V）的比例，100℃蒸煮40min。然后冷却至室温，之后置于无菌容器中，加入水、活化红曲［燕麦∶水∶活化红曲＝1∶2∶0.1（W∶V∶W)］，混合均匀，置于23℃培养箱中发酵30d，即得燕麦黄酒。燕麦红曲黄酒中的多酚含量高于糯米红曲黄酒，且以总抗氧化能力、还原能力、金属螯合能力评价，其抗氧化能力高于糯米红曲黄酒（涂璐等，2012）。

燕麦杆杆酒又称泡水酒、咂酒，是彝族人民喜庆节日时用来招待客人的一种别具风味的水酒饮料，酒精度一般低于 10%。燕麦杆杆酒采用燕麦、玉米、高粱和荞麦酿制，制作方法是将原料粗磨之后，加水蒸熟，然后倒出，凉于簸箕内，待温度适宜后去除荞麦壳，并加酒曲搅拌，在簸箕内封闭发酵。经过 30h 后就可放入木桶或坛子之内，并用泥土将桶口封死放置起来，泡水酒就会逐渐酿成。半个月时间即可开封启用，放上 2～3 个月后启用酒味更佳。饮用时需插若干麻管或竹管，直接用嘴吸插管来饮酒，故名杆杆酒。燕麦杆杆酒有很高的营养价值，口感醇厚。

燕麦甜醅是以酵母为甜醅曲，用燕麦为原料制成，青海民间叫“药蛋”或“甜曲”。因莜麦质细无厚皮，嚼食无渣而闻名。燕麦甜醅热、冷都可食用，具有甜溢酒香、味美可口的特点，酒精度一般为 2%左右。

(5) 燕麦饼干 燕麦饼干系列产品就是依据燕麦降脂、降糖的原理为消费者配制成的健康食品。

①工艺流程：原辅料预处理—面团的调制—辊轧—成型—烘烤—冷却—包装—成品。

②操作要点。

原辅料预处理：将糕点粉、焙烤粉、碳酸氢钠和燕麦粉分别过筛，按配方称出后备用。将奶油、红糖和食盐放入桨式搅拌机内，低速搅 15～20min，然后加入鸡蛋、牛奶和香兰素，再低速搅拌至物料完全混匀为止，备用。

面团调制：将称好的糕点粉、焙烤粉和碳酸氢钠先混合均匀，然后再加入处理好的燕麦粉，最后加入已搅拌好的浆液和面，揉制成软面团。

辊轧成形：将和好的面团放入饼干成形机，进行辊印成形。成形时在面带表面洒少许植物油，以防面带粘轧辊。

烘烤：将成形好的饼干放入 190℃的烘烤箱内，烘烤 10～12min，即可烤熟。

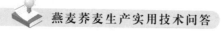

冷却、包装：经烘烤后的饼干，挑出残次品，自然冷却后进行包装、贮藏，贮藏库温度控制在20℃左右、相对湿度为70%～75%。

（6）燕麦方便面 本品是以裸燕麦粉为主要原料，掺加其他物料制作而成的速食方便面，内有加蔬菜和不加蔬菜两种。

①工艺流程：原辅料（添加剂）称量—混合—和面—熟化—轧片—切条—蒸煮—干燥—计量—包装—成品。

②操作要点。

和面：用30℃左右的温水，和面时间10min。

熟化：在30℃的保温箱，熟化35min。

轧片、切条：面团先通过两组轧辊压成两条面带，再次复合为一条面带；面带经5～6组轧辊压延，将面片厚度压延至0.8～1mm。面片达到规定厚度后，直接导入压条机，压成一定规格的湿面条。

蒸煮：常压蒸煮8min。

干燥：可采用热风90℃干燥35min。

包装：将面块、汤包、料包一起放在包装袋内，真空包装即可。

（7）燕麦消脂馨 本品是以裸燕麦粉、苦荞麦粉、大麦芽、绿豆、小赤豆、南瓜粉、薏仁、枸杞子、山楂粉、绞股蓝、蒙芪、西洋参、冬草、昆布等多种谷类、豆类及中草药为原料配制而成，具有清肺、利尿、强心、安神、消脂、促进代谢之功能，是高血脂症、糖尿病以及肥胖症患者的营养滋补食品。

操作步骤如下：

①将裸燕麦、苦荞麦加工成粉剂，将发芽后的大麦烘烤、干燥。

②将绿豆、小赤豆熟化后，烘烤、干燥，磨成细粉。

③将薏仁加工成粗颗粒。

④将枸杞子烤干后加工成细粉。

⑤将绞股蓝、蒙芪、西洋参以及洗净的冬草分别切碎，加清水熬煮成浓缩液，然后加入裸燕麦粉、苦荞麦粉一并烘烤失水，使水分降至5%左右。

⑥将昆布洗晾干，烘烤后加工成细粉。

⑦所有物料按一定比例混合配制成粉剂。

十、燕麦田间试验的基本方法

114. 田间试验的基本要求是什么？

田间试验是以农作物为研究对象，在田间条件下进行试验、观察、记载，得到产量，最后进行统计分析。作物的表现型是其基因型和环境条件共同作用的结果，也就是说同一个品种在不同的地点、不同的生产条件下，可能得到不同的结果，而不同的品种、在相同条件下，也可能得到不同的结果。为了保证试验质量，使其结果准确可靠，得以应用于生产实践，田间试验必须符合一定的要求。

（1）试验要有目的性 试验内容要来自生产实践，抓住生产上的关键问题，有的放矢地进行试验。

（2）试验要有代表性 试验地的自然条件（如土壤类型、地势、土壤肥力、气候条件等）和生产条件（耕作制度、生产技术、施肥水平等）要与推广试验结果的地区的相应条件基本一致。

（3）试验要有一致性 要求试验地的土壤肥力、地势、前作以及一切管理措施要力求一致，尽最大努力执行各项试验操作技术，避免差错和系统误差。

（4）试验要有重演性 是指某项田间试验结果在类似的条件下重复进行时，可以得到相同的或相似的结果，这样，才能使小面积的试验结果起到大田夺高产的目的。要使试验具有重演性，首先要求试验具代表性和准确性，并在此基础上，了解、掌握试验全过程中的各项条件，详细观察记载参试作物的生长发育状况，分析两者之间的关系，由于各个品种或各种技术措施在不同年份的反应不一定相同，所以，最好将试验重复进行 2～3 年，通过多点试验，就能得到较为客观的结论。

（5）试验要有比较性 如品种比较试验，要以当地种植品种作为对照品种；栽培试验要用当地栽培方式作为对照；在不同施肥水平试验中，要以一般的施肥水平为对照。通过对照比较，以鉴别某一品种、某一栽培措施的增产效益，确定其推广价值。

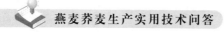

115. 田间试验的基本类型是什么？

（1）根据试验内容来分

①品种比较试验。以品种作为研究对象，常以当地主要推广品种为对照，比较鉴别新育成品种或外地引进品种是否比对照品种显著增产或具有某方面的特点，从而确定其利用价值。

②栽培试验。以研究高产稳产的栽培技术为对象，如播期、密度、施肥、灌溉、耕作方法等，通过试验探求适合本地区的栽培技术措施。

③病虫害防治试验。研究病虫害的发生规律、防治措施等。

④土壤肥料试验。研究不同土壤的施肥量和施肥方法的效果，确定各种肥料的肥效及土壤改良措施。

（2）根据试验因素的多少来分

①单因子（因素）试验。只研究某一个因子在综合措施中的增产效果，如鉴定品种的优劣而进行的品种比较试验。单因子试验易于分析，应用广泛，但不能了解不同因素共同对试验结果所产生的相互作用。

②多因子（因素）试验。在同一个试验中研究两个以上试验

因子在综合措施中的效果。例如甲、乙两个品种与高、中、低三种施氮量的二因子试验，有6个处理组合，这个试验除了可以明确哪个品种较好，哪个施氮量适宜之外，还可以了解甲、乙两个品种对不同施氮量的反应，从中选出最优组合。

③综合性试验。这是一种非全面的多因子试验，即只选择某个多因子试验的一部分处理组合进行比较试验，或选择一至二整套把若干因子结合在一起的丰产技术措施，与当地大田的技术措施相比较，从中选出适合于当地的综合高产技术。

(3) 根据试验年限和地点来分 试验只进行一年的称一年性试验，重复进行几年的称多年性试验。多年性试验在历年相对不同的自然条件下，可以观察到作物在不同条件下的反应和表现，对于全面认识试验对象、提高试验结果的准确性是必要的。

一个试验只在一个地点进行，称为一点试验；若同一试验同时在若干个地点进行，称为多点试验。

116. 田间试验的原则是什么？

田间试验的原则是全面而准确地反映试验材料内在的本质，不因人为的或自然的缘故，掩盖了试验材料之间内在的差异。试验误差是衡量试验准确性的依据，只有在试验误差小的情况下，才能对处理之间的差异的正确性做出可靠的评价。试验误差主要来自4个方面：土壤差异、土壤肥力不均、试验材料和田间操作技术不一致。田间试验的原则就是控制试验误差在合理的范围内，保证试验结果的准确性。

117. 如何进行试验结果的整理和分析？

试验过程中，各阶段所取得的调查资料，应随时加以计算整理，以便及时发现问题，如有遗漏或错误，及时补救。

在取得产量和室内考种结果后，即可汇总、统计。计算小区

产量时，应将缺区面积去除，按实收面积折算成亩产。如发现同一处理的各小区之间产量相差悬殊，应查清其发生原因

目前，燕麦育种单位统计分析时常采用的方法是：在初级阶段采用间比法排列，一般逢5或逢10设一对照，重复两次；在预备试验、品种比较试验阶段采用随机区组法排列，重复四次，统计分析时用t测验或Q测验；进入区域性试验时，排列与品种数同品种比较试验，在统计分析时，除用Q测验外，还用重复极差法、相关系数与回归分析，不仅要求品种的丰产性，而且要求其稳产性。此外，有的省份要求入选品种增产率10%以上，增产点应占总点数60%以上，达到显著和极显著标准的点数占总点数30%以上。对入选品种要求高，目的是防止燕麦品种的多、杂、乱，使品种工作更好地为农业生产服务。

118. 田间试验要注意哪些事项？

（1）首先要明确试验的内容和性质，只有明确了试验的内容和性质才能进行试验计划的编制及设计工作。

（2）拟定田间试验的计划、方案要全面、详尽。试验计划应包括：试验名称、试验年份和起讫年限、试验目的、供试材料的名称与来源及数量、试验主持单位和参试单位、试验地基本情况（包括地理位置、海拔、气候特征、土壤肥力状况、地形、前作、水利条件等）、试验设计（包括处理数及其名称、重复次数、小区排列方式、小区面积及长度与宽度比例、保护行）、种子质量（根据种植密度的要求计算千粒重、纯度、发芽率、净度等）、播种工作（播种时间、播量、播种方式、深度、行距及种子处理方法）、田间管理措施（中耕除草、追肥、灌水、防治病虫害及其他作业的次数、日期、数量、方式等）、收获（收获日期、收获方式、脱粒方式等）。

（3）田间试验设计要把握4个原则：设置对照、局部控制、

设置重复、设置保护行。

（4）田间试验要尽最大可能减少误差，以提高试验结果的准确性。在造成田间试验误差的众多因素中，土壤差异是主要和最经常的原因，也是较难排除的原因。因此，试验地的选择要注意以下 4 个方面的问题：

①要有代表性。符合燕麦的生长要求，代表本地区的土质、肥力、地势、耕作等条件。

②地形平坦。试验地不平，会影响土壤、温度、水分、养分等条件的差异，而加大试验误差，尤其是采用灌溉措施的试验。如果不得不用坡地，应尽量选用向同一个方向倾斜的缓坡地，设计时注意补救。

③肥力均匀。包括前茬、耕作和施肥要求均匀一致，最好试验前 1～3 年内，前作、耕作和施肥水平都相同，达不到要求，安排试验时要注意重复与小区的布置，设法补救。

④试验的位置要适当。不宜设在树林、房屋或对试验有遮阴作用的障碍物附近；不宜设在铁路、公路等交通要道旁边，以防人、畜践踏；最好在四周种有相同的燕麦，以免鸟兽严重危害。

（5）试验小区的面积和形状要根据试验性质、要求、土壤条件和工作方便等考虑，注意尽量减少边际影响。

荞麦部分

十一、荞麦概况

119. 荞麦有哪些种类？如何识别主要的栽培荞麦？

荞麦是双子叶植物蓼科（Polygonaceae）荞麦属（*Fagopyrum* Moench）植物，总共有大约 23 个种类（陈庆富，2012）。其中 18 个为一年生植物，5 个为多年生植物。有 2 个常见的栽培种类，即甜荞（*F. esculentum*）和苦荞（*F. tataricum*），被称为栽培荞麦。栽培荞麦在贵州、四川、重庆常常习惯于叫荞子。通常人们说的荞麦就是这两个种类。此外，还有 3 个药用的多年生金荞麦复合物种类（*F. cymosum* complex，常简称金荞麦），包含二倍体大野荞（*F. megaspartanium*）、二倍体毛野荞（*F. pilus*）、四倍体金荞麦（*F. cymosum*）。这 3 个种类中以二倍体大野荞分布最广，被广泛作为中药材使用。2017 年，陈庆富等报道了利用苦荞与多年生金荞麦种间杂交产生的新种金苦荞（*F. tatari-cymosum* Chen），由于其种子产量高、种子饱满、籽粒大，在南方正成为一种新的栽培荞麦种类。

甜荞和苦荞生育期较短，当年可多次播种、多次收获。一般常见播种时间为春季和秋季。夏季太热、冬季太冷，都不很适合生长。

甜荞的栽培分布区最广，主要分布地区是亚洲和欧洲。甜荞在我国大多数地区都有栽培，但主要栽培分布区是我国北方荞麦主产区，如内蒙古、陕西、山西、宁夏、甘肃等，也是我国主要的出口荞麦基地。苦荞是一种新兴作物，主要栽培分布区为南方荞麦主产区，如四川、云南、贵州、西藏、湖南、湖北等。金荞麦的栽培主要分布于贵州、重庆等区域。

甜荞起源于中国西南部（云、贵、川、藏等）较温暖地区，苦荞起源于青藏高原东部较冷凉地区。甜荞和苦荞都喜温暖，怕霜冻、怕酷热。其中，苦荞比甜荞耐凉爽，但更怕酷热。

甜荞的主要识别特征：一年生草本，无宿根；茎秆红色或绿色，空心，茎节有托叶鞘；叶片多为三角形，叶片基部花青色素斑不显著；花朵白色或粉红色或红色，较大、鲜艳，有长花柱短雄蕊、短花柱长雄蕊、长花柱长雄蕊、短花柱短雄蕊等多种类型，大多数需要借助虫媒传粉，是典型异花传粉作物，其中花柱同长、花柱同短类型为自交可育的常异花授粉作物；果实较大，三棱形、无沟槽，果壳与种子易分离，种子粉无苦味。

苦荞的主要识别特征：一年生草本，无宿根；茎秆大多数绿色或暗红色，空心，茎节有托叶鞘；叶片基部花青色素斑显著，花朵一般绿色、较小、不鲜艳，花柱同短，自交可育，是典型自花授粉作物；果实比甜荞小，有沟槽，果壳与种子不易分离，面粉有明显苦味。其中，果壳薄的变异类型即米苦荞苦味轻，适口性较好，果壳薄而易碎、表面无沟槽、与种子易分离。

金荞麦的主要识别特征：多年生半灌木植物，有膨大的木质化宿根，可在黄河以南安全越冬，再生力极强；茎秆绿色或红色，基部坚实，中上部空心，茎节有托叶鞘；叶特征类似苦荞，花和种子的外观特征与甜荞相似，有蜜腺，花柱异长自交不亲和，虫媒传粉。一般春季不结实，秋季结实较好，但落粒严重，较难收获到种子。

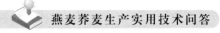

金苦荞的主要识别特征：基部木质、再生力强、花朵白色、种子大粒、种子表面无沟槽等特征类似于多年生金荞麦；花柱同短、自交可育、春秋季均可结实、不落粒、生长茂盛和抗旱耐瘠薄等特征与苦荞相似。但是花朵大小介于多年生金荞麦和苦荞之间，有蜜腺，基部木质化宿根弱于多年生的金荞麦，属于半多年生类型。

120. 甜荞和苦荞米粒中含有哪些主要营养成分?

荞麦是我国最主要的双子叶粮食作物，不同于常规的单子叶禾本科粮食作物（水稻、小麦、玉米等）。大体上，荞麦种子中的主要营养成分与一般粮食作物相似，以淀粉（60%～70%）、蛋白质（8%～19%）、脂肪（1%～3%）为主，但是其组成成分及其含量上存在明显差异。

（1）淀粉 荞麦种子中淀粉含量为60%～70%，略低于常规大米和小麦（80%左右）。荞麦种子淀粉中大约50%为支链淀粉，所以米粒所做的饭较软。荞麦淀粉中的抗性淀粉含量比常规大米和小麦粉要高出2倍多，所以消化较慢，餐后血糖指数较低。

（2）蛋白质 荞麦米粒蛋白质含量一般为8%～19%，略高于大米和小麦。蛋白质组成中以球蛋白、清蛋白为主，其中清蛋白是耐消化蛋白，属于营养缓慢释放类型。特别是，荞麦种子中的必需氨基酸含量高于主要粮食作物，而且其氨基酸组成最接近于人类的标准营养需求模式（WHO模式），冗余营养少，很少转化成脂肪被储存。

（3）脂肪 荞麦种子脂肪含量在1%～3%，和其他大宗粮食相近。据记载，几种不同谷物粉的脂肪含量为：苦荞粉2.59%，甜荞粉2.47%，小麦粉2.13%。荞麦脂肪酸含量因产地而异。一般而言，北方荞麦的油酸、亚油酸含量高达80%以上，而西南地区如四川荞麦油酸、亚油酸含量为70.8%～76.3%。荞麦脂肪的组成较好，含9种脂肪酸，不饱和脂肪酸含量丰富，其中油酸和亚油酸含量最多，占总脂肪酸含量的80%左右。其中，苦荞的不饱和脂肪酸含量占脂肪的83.2%，甜荞则占81.8%，而且甜荞油脂中还含有亚麻酸（表1）。因此，甜荞和苦荞中的脂肪含量属于健康的脂肪含量，适量摄取对健康有益无害。

表1　甜荞和苦荞的油脂含量（%）及脂肪酸的组成

（王敏等，2004）

类别		苦荞	甜荞
油脂含量		2.59	2.47
脂肪酸组成与含量	棕榈酸	14.6	16.6
	硬脂酸	2.2	1.6
	油　酸	47.1	35.8
	亚油酸	36.1	40.2
	亚麻酸	微*	5.8
	花生酸	微*	微*
	二十碳烯酸	微*	微*
	山嵛酸	微*	微*
	芥　酸	微*	微*

*　表示含量在0.1%以下。

（4）微量元素　荞麦的矿物质营养含量十分丰富，钾、镁、铜、铬、钙、锰、铁等含量都大大高于禾谷类作物，还含有硼、碘、钴、硒等微量元素。荞麦和大宗粮食的矿物元素含量见表2。不过，荞麦的矿物质元素含量受栽培品种、种植地区的影响较为明显，如四川有些甜荞含钙量高达0.63%，苦荞更高达0.742%，约是大米的80倍，可作为人类天然钙质的良好来源。荞麦中镁的含量很高，一般是小麦和大米的3～4倍。荞麦中铁的含量是小麦粉的3倍以上，硅5倍以上。特别值得一提的是，荞麦中含有其他谷类作物缺乏的天然有机硒。荞灰豆腐的美味就来自于其丰富的矿质元素。

表 2　荞麦和大宗粮食的矿物质含量比较

（张美莉等，2004）

项目	甜荞	苦荞	小麦粉	大米	玉米
钾 K（%）	0.290	0.400	0.195	1.720	0.270
钠 Na（%）	0.032	0.033	0.002	0.002	0.002
钙 Ca（%）	0.038	0.016	0.038	0.009	0.022
镁 Mg（%）	0.140	0.220	0.051	0.063	0.060
铁 Fe（%）	0.014	0.086	0.004	0.024	0.002
铜 Cu（mg/kg）	4.00	4.59	4.00	2.20	—
锰 Mn（mg/kg）	10.30	11.70	—	—	—
锌 Zn（mg/kg）	17.00	18.50	22.80	17.20	—
硒 Se（mg/kg）	0.43	—	—	—	—

（5）维生素　荞麦中含有较丰富的维生素，如维生素 B_1、维生素 B_2、维生素 E 等，尤其含有其他谷物中所没有的维生素 P。荞麦和大宗粮食的维生素含量比较见表 3。由荞麦籽粒的不同部位、不同制粉方式所制成的荞麦粉维生素含量差异较大。一般来说，外层粉的维生素含量高，芯粉的维生素含量较低。

表 3　主要粮食作物的维生素含量比较

项目	甜荞	苦荞	小麦粉	大米	玉米
维生素 B_1（mg/g）	0.08	0.18	0.46	0.11	0.31
维生素 B_2（mg/g）	0.12	0.50	0.06	0.02	0.10
烟酸（mg/g）	2.7	2.55	2.5	1.4	2.0
维生素 P（%）	0.10～0.21	3.05	0	0	0

（6）纤维素　膳食纤维被称为“第七营养素”，是现代人最容易缺乏的“营养”元素，也是具有降血糖和胆固醇作用的有益元素。荞麦米粒中膳食纤维含量丰富，甜荞米粒中的膳食纤维含

量为3.4%～5.2%，苦荞粉膳食纤维含量约1.62%，比玉米粉高8%，分别是小麦和大米的1.7倍和3.5倍。荞麦米粒总膳食纤维中，20%～30%是可溶性膳食纤维。

121. 荞麦有哪些特殊营养保健功效?

随着人们生活水平的逐步提高，糖尿病和心血管病的发病率亦在逐年增加，严重危害人类健康。荞麦由于富含营养成分和保健功能成分而越来越受到人们的重视。

荞麦籽粒营养价值颇高，其营养效价指标为80～92，高于小麦（70）和大米（50）。荞麦米粒的营养价值高于常规稻米和小麦面粉，特别是营养全面、均衡、缓慢释放、冗余营养少等优点最为突出，是更适合人类营养和健康需求的粮食作物。

荞麦米粒除了含有上述的主要营养成分外，还含有大量的黄酮类化合物，其中芦丁约占70%，可以增强血管壁的弹性、韧度和致密性，具有保护心脑血管，维持毛细血管的抵抗力，促进血细胞再生和防止血细胞凝集的作用，还有降血脂、扩张冠状动脉、增强冠状动脉血流量的作用。因此，经常食用荞麦对预防高血压、冠心病、动脉硬化及血脂异常症等很有好处。

荞麦所含镁和铬有利于预防糖尿病，其中铬是一种理想的降糖能源物质，它能增强胰岛素的活性，加速糖代谢，促进脂肪和蛋白质的合成。

荞麦粉中所含丰富的维生素有降低人体血脂和胆固醇的作用，是治疗高血压、心血管病的重要食疗产品。

荞麦籽粒中还含有较多的硒，可增强抗癌活性。

经常食用荞麦不易引起肥胖症，因为荞麦含有营养价值高、平衡性良好的植物蛋白质，这种蛋白质在体内不易被转化成脂肪，所以不易导致肥胖。

另外，荞麦米粒中所含的膳食纤维比禾谷类粮食作物多出2

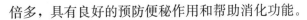

倍多，具有良好的预防便秘作用和帮助消化功能。

122. 荞麦有哪些药用价值?

荞麦食品外观上色泽较深，口感上较粗糙，与现代社会对食物追求白而精的观念有一定的差异。但消费者依然钟情荞麦，主要是因为荞麦具有其他谷物或者食物无法比拟的营养成分与功能特性。特别是在现代社会，高血糖、高血脂、高血压、肥胖等为主要内容的生活习惯病的快速增加和蔓延，普及和推广荞麦食品就显得特别重要。

自古以来，对荞麦的健康作用论述非常多。唐代的《食疗本草》对荞麦有“实肠胃，益气力，续精神，能炼五脏滓”的记载，说明荞麦有强健体魄，提高免疫力的作用。《图经本草》有“实肠胃、益气力”的记述。孙思邈所著的《千金要方》指出，荞麦“味甘辛苦、性寒无毒”，说明荞麦属于寒凉食物。《群芳谱·谷谱》则指出，荞麦“性甘寒无毒。降气宽中，能炼肠胃。气盛有湿热者宜之”。同时，对荞麦叶、茎的健康作用也进行了说明，“叶：作茹食，下气利耳目，多食则微泄。生食动刺风，令人身痒”。“秸：烧灰淋汁，熬干取碱，蜜调涂烂痈疽，蚀恶肉、去面痣最良。淋汁洗六畜疮及驴马躁蹄”。作为谷物的荞麦，不但籽实具有较好的营养和功能作用，荞麦的叶和茎等也具有类似的解毒作用。《重修政要和证类本草》中也有类似的记载：“叶作茹食，下气，利耳目。”清巡台御史黄叔璥在《台海使槎录》中以实例说明了荞麦的治疗作用，“婴儿有疾，每用面少许，滚汤冲服立瘥”。清代食医（养生专家）王孟英在《随息居饮食谱》中称“罗面煮食开胃宽肠，益气力，祛风寒，炼滓，磨积滞”，这里的罗面就是指荞麦。《齐民四术》有“头风畏冷者，以面汤和粉为饼，更令镬罨出汗，虽数十年者，皆疾。又腹中时时微痛，日夜泻泄四五次者，久之极伤人。专以荞麦作食，饱食二三日即愈，神效。其秸作荐，可辟臭虫蜈蚣，烧烟熏之亦效。其壳和黑豆皮菊草装枕，明目”。这说明了荞麦除了有治疗腹泻的作用外，还有驱虫辟邪的作用。在这里也首次提出了荞麦壳枕头具有明目的作用。《中国药用植物图鉴》对荞麦有“可收敛冷汗”的描述，能治疗痢疾、咳嗽、水肿、喘息、烧伤、胃痛、消化不良、腰腿疼痛、跌打损伤等疾病。

《常见病验方研究参考资料》中有“对于崩漏的治疗，采用荞麦根叶一两，切碎水煎服”的记载。

一些医书还记载，荞麦具有开胃、宽肠、下气消积的功能，能治疗绞肠痧、肠胃积滞、慢性泄泻、禁口痢疾、赤游丹毒、痈疽发背、瘰疬、汤火灼伤等。

虽然古人对于荞麦（甜荞麦和苦荞麦）的健康作用有较深刻和准确的认识，但对于什么成分给荞麦带来了这样的功能和保健作用就缺乏研究和分析。最近几十年国内外对荞麦的功能性成分和作用的研究表明，荞麦良好的保健价值与其富含多种生物活性物质是密切相关的。

现在已知的荞麦功能性成分主要包括酚类、黄酮类、糖醇类、蛋白与多肽类、甾体类，这些活性物质在降血糖、降血压、降血脂、抗菌、抗氧化、抗肿瘤、抗衰老、改善记忆力，以及预防肥胖病等方面都显示了显著的效果。

123. 为什么苦荞会有苦味，而普通荞麦（甜荞）没有苦味？

苦荞的苦味主要来源于苦荞中的芦丁水解成的槲皮素（苦荞中也还有其他未明的苦味成分，但主要的苦味来源于槲皮素）。普通荞麦中也含有一定量的芦丁，为什么苦荞食品通常能够感觉到苦味，而普通荞麦食品却基本感觉不到苦味。

这种味道上的差异主要来源于苦荞和普通荞麦在芦丁含量上

的差异。一般苦荞芦丁含量是普通荞麦的10倍以上，因此，水解后生成的槲皮素也是普通荞麦的10倍多。如果通过水热处理(一定的温度和湿度下加热一定时间)，将水解酶灭活，则芦丁水解率会大幅度降低。因此，苦荞籽粒茶等经过水热处理的苦荞产品，苦味也就大幅度降低。而普通荞麦食品中轻微的涩味也一定程度上与普通荞麦中的芦丁等黄酮类物质有关。

124. 食用荞麦能够改善便秘吗?

荞麦中存在着大量的抗性淀粉和抗消化蛋白，对于人体具有很好的保健功效。有研究证明，荞麦中的抗性淀粉在小肠中能够抗消化，在结肠内发酵产生大量短链脂肪酸，从而有助于降低结肠pH值，这对于结肠炎具有很好的医治作用。此外，未被完全分解的抗性淀粉和抗性蛋白对于防止便秘、盲肠炎、痔疮等有重要作用。同时，这些物质有利于促进肠道微生物生长，从而合成更多的微生物蛋白，减少胺类致癌物的产生。

还有研究证实，苦荞提取物对腹泻模型有一定止泻作用，对便秘模型有一定促进胃肠运动、排便的影响（换句话说，就是腹泻的动物食用苦荞提取物后有一定的止泻作用，而对便秘的动物，苦荞提取物可以促进肠胃蠕动，促进排便)。说明苦荞提取物对胃肠运动具有双向调节作用。

所以，荞麦被李时珍誉为“净肠草”，有很好的改善便秘的效果。

125. 荞麦壳枕头为什么有利于睡眠?

荞麦做枕头在我国已有几千年的历史。为什么荞麦枕头能够安眠，对于这个问题的科学研究还刚刚开始。但是，从荞麦枕头中填充的荞麦壳特点来看，荞麦枕头利于安眠的原因主要有以下几个方面。

荞麦壳在枕头里慢慢地挪动，能起到按摩的作用，缓解颈部疲劳。在疲劳的时候轻轻按摩，特别有利于睡眠。而荞麦壳对头部轻柔的按摩，当然有很好的安眠作用。

荞麦枕芯软硬适中，弹性适度，头枕荞麦枕头，会感到特别舒适。这种软硬度的荞麦壳与其按摩作用，有利于促进头部血液循环，预防颈椎病。

荞麦枕头中的荞麦壳空隙较多且均匀，所以具有良好的透气作用。荞麦壳在冬天有保暖作用，而在夏天非常凉爽，也特别有利于安眠。

荞麦枕头还会有淡淡的香气，能够让人感觉神清气爽，促进睡眠。

不过，使用荞麦枕头时需要特别注意的是，要定期清洗和更换。虽然现在的加工技术对荞麦壳的清洁和杀菌非常完全，但长时间睡眠过程中，汗水等进入荞麦壳，同时，蓬松的荞麦壳会被压实，潮湿的荞麦壳在头部高温的作用下，容易发霉。所以，应该每年更换荞麦枕头中的荞麦壳，至少要取出进行暴晒消毒。有人说，几百块的荞麦枕头，每年都要更换岂不是浪费。不过，想到每晚的良好睡眠花费还不到一元，就会觉得值得了。

126. 为什么说糖尿病人适宜食用荞麦？而且特别适宜食用苦荞？

一般来说，淀粉的消化速度远高于蛋白质或者脂肪，所以，糖尿病患者不宜食用过多淀粉含量较高的食物。荞麦的淀粉含量虽然与大米、面粉比较稍低，但依然在60%～70%。那么，为什么糖尿病患者特别适宜食用荞麦。

首先，荞麦淀粉中的抗性淀粉与慢消化淀粉的比例较高。抗性淀粉就是食用后在酶的作用下也不会水解成葡萄糖的淀粉，食用抗性淀粉不会增加餐后血糖。而慢消化淀粉就是这种淀粉，虽然会在酶的作用下分解，但其分解速度较慢，所以其餐后血糖的上升速度较小。荞麦中的抗性淀粉与慢消化淀粉的含量分别为14%和6%左右，远高于大米和小麦粉。

其次，荞麦中的蛋白质和芦丁等黄酮物质有利于控制餐后血糖。虽然荞麦中的芦丁含量稍低（一般为每100g中含400mg），但研究表明，芦丁有明显的控制餐后血糖上升的效果。

流行病学调查表明，生活习惯上经常食用荞麦的地区，血糖不正常人群的发生概率在1.6%左右，而不经常食用荞麦地区的人群的血糖不正常检出率超过7.3%，具有非常明显的差异。而这两个地区的糖尿病发生率也相差1倍以上。因此，增加以荞麦为主的杂粮的摄取具有非常重要的意义。

与甜荞比较，广大糖尿病患者更喜欢以苦荞为主食。苦荞虽然味道稍苦，口感较差，但苦荞在预防和控制糖尿病方面确实有其他谷物所没有的优势。

（1）苦荞的芦丁、槲皮素含量较高。甜荞的芦丁含量只有0.4%左右，但苦荞的芦丁含量却高达1.0%～3.0%，是甜荞的几倍。而大量的研究表明，芦丁具有良好的控制血糖的作用。

（2）研究还表明，苦荞中有一种名为手性肌醇的物质，具有胰岛素增敏作用，可明显控制餐后血糖升高。

（3）苦荞的抗性淀粉含量高达20%～40%（不同的研究结果差异较大），同时纤维含量较高，也特别有利于餐后血糖的控制。

现在市场上有苦荞麦麸粉（皮层粉）和麦芯粉两种。一般来说，麦麸粉的芦丁含量、纤维含量等都远高于麦芯粉，因此，糖尿病患者更适合选用麦麸粉。

127. 老年人能够食用荞麦食品吗？

老年人当然能够而且应该经常食用荞麦或者苦荞麦。中国古代医书对荞麦和苦荞的强身健体作用进行了详细记载。唐代的《食疗本草》对荞麦有“实肠胃，益气力，续精神，能炼五脏泽”的记载，说明荞麦有强健体魄，提高免疫力的作用。《图经本草》有“实肠胃、益气力”的记述。明代李时珍在《本草纲目》中对苦荞的特性进行了说明，认为“苦荞性味苦、平、寒，实肠胃，益气力，续精神，利耳目，能炼五脏滓秽，降气宽肠，磨积滞，消热肿风痛，除万浊。”详细说明了作为“净肠草”的荞麦（苦荞）的健康和治疗效果。《群芳谱·谷谱》则指出荞麦“性甘寒无毒。降气宽中，能炼肠胃。气盛有湿热者宜之”。

研究表明，苦荞蛋白对生物体具有一定的抗衰老作用。荞麦蛋白的抗衰老作用与其抗氧化作用密切相关，可能主要是由于荞麦中含有丰富的多酚类物质。

荞麦抗疲劳作用研究发现，荞麦蛋白比黄酮类化合物的抗疲劳效果更加显著，且在清蛋白、球蛋白和谷蛋白三者中，球蛋白的抗疲劳效果最为明显。对球蛋白进行氨基酸分析发现，球蛋白含有丰富的支链氨基酸，可能是抗疲劳的主要功效成分。

因此，老年人特别适合食用荞麦食品。

128. 儿童能够食用荞麦食品吗?

由于荞麦的氨基酸质量较好，与大米、面粉等有一定的互补作用；蛋白质含量高，利用效率也远高于大米和小麦。因此，从营养学的观点，儿童食用荞麦食品是没有问题的。有报告显示，荞麦对儿童智力发育很有好处，建议儿童适当多食用些荞麦，可提高其智力水平。

不过，由于荞麦食品特别是苦荞食品的风味不易为儿童接受，因此，在准备儿童用荞麦食品时，应该以适量和容易接受为原则。也就是说，尽可能减少纯荞麦面或苦荞食品，而是将少量荞麦添加到面粉等中，以改善其风味。

129. 荞麦在生产上有哪些应用?

荞麦具有生育期短、耐瘠薄性强的特点，能种植在大宗作物不适宜的冷凉地域和瘠薄土壤，也可作为一种填闲、救荒减灾粮食作物，充分利用土地和增加农业年产值。荞麦是目前已知保健功能最强的粮食作物之一，在功能性保健食品产业领域具有独特的作用和经济价值，目前尚未被充分利用。

荞麦米可以煮饭、加工米粉、米皮，可制作大米所能做的各种食品。荞麦米可与小麦、大米等一样，酿造荞麦啤酒、荞麦白酒、荞麦黄酒等系列酒产品；荞麦米也可以用于加工荞麦醋和荞麦酱油等功能调味品，具有调节血糖血脂等保健功能。同时，苦荞种子黄酮含量为1%～2%，麸皮中含量可达4%～6%，因此，米粒和麸皮可以制作不同类型的苦荞茶等系列产品。

荞麦粉可以适量替代小麦粉制作各种面食和糕点等。

荞麦壳是枕头、床垫等各种家居用品的优质填料，具有适宜的弹性和透气性，特别是薄壳苦荞（米苦荞）的果壳做枕头品质最佳。

荞麦叶的黄酮含量很高，部分品种叶黄酮含量可达8%以上，可以制作成叶绿茶、叶发酵茶等系列饮品。同时，利用其叶富含黄酮的特点，还可以制作荞麦黄酮提取物，应用于制药或食品添加剂。

荞麦芽苗的黄酮含量很高，荞麦芽菜和茎尖是上等保健蔬菜。

荞麦的花期较长，尤其是普通荞麦和金荞麦，是著名的高产蜜源作物。荞麦花朵鲜艳，有白色、红色、粉红色、绿色等多种色彩，花期长达1个多月。如按月分期播种，可在全年无霜期月份都看到美丽的花朵，可作为与旅游业配套栽培的观赏作物。

金荞麦是一种地道的中药材，具有抗菌消炎、抗病毒、抗癌症、增强抵抗力等多种作用。其茎尖是十分稀缺的特种幼嫩蔬菜。

此外，各种荞麦茎秆可用于饲料，适口性较好。

如上所述，荞麦几乎可用于加工各种食品和饮品，用途十分广泛，产业链极长，对实现粮食增产和农民增收，提高人民生活水平，促进人类健康，具有重要意义。

130. 荞麦在国内外的生产状况及市场前景如何？

据联合国粮食及农业组织（FAO）统计，1962 年，世界荞麦种植面积 580 万 hm^2，平均亩产 30kg，总产量 265 万 t，其中，中国荞麦种植面积 330 万 hm^2，总产量 170 万 t，为世界第一大生产国；2013 年，世界荞麦种植面积 227.4 万 hm^2，平均亩产 66.4kg，总产量 226 万 t，其中，中国荞麦种植面积 70.5 万 hm^2，总产量 74 万 t，为世界第二大生产国；2017 年，世界荞麦种植面积约为 246 万 hm^2，总产量 303.3 万 t，其中，中国荞麦种植面积 85 万 hm^2（甜荞约为 50 万 hm^2，苦荞约为 35 万 hm^2），总产量 98 万 t（甜荞约为 48 万 t，苦荞约为 50 万 t）。从贸易竞争力指数来看，中国、美国、加拿大是荞麦的净出口国，全球荞麦出口量 30 万 t，其中，中国出口荞麦约 10 万 t，俄罗斯出口荞麦约 8 万 t，主要出口到日本、韩国及东欧。

荞麦的食用方式较多，其中，荞麦米可以直接蒸煮成饭食用或者用于酱油和醋的酿制，荞麦粉可以制作各种面食、糕点等，荞麦叶、荞麦花、荞麦苗、荞麦茎尖可以制作荞麦叶茶、荞麦花茶、荞麦有机饮料、荞麦芽菜、苗菜、茎尖菜等。此外，荞麦壳可以加工成枕头填料或者用于食用菌、花卉等栽培基质。

特别是荞麦作为保健功能强的特色粮食作物，对“三高”人群的健康大有帮助，在大健康产业中具有重要地位，可见荞麦产业前景广阔。

我国已出现了一些从事荞麦加工的龙头企业。除我国外，荞麦在欧美和东南亚日本、韩国、新加坡等国家也颇受欢迎，国际、国内市场需求旺盛，在国际市场供不应求。发展荞麦种植业及高科技含量产品具有很大的市场潜力和社会效益。

十二、荞麦品种

131. 甜荞优良品种应该具有哪些特点？

甜荞优良品种相对于一般地方品种而言，具有较高产、稳产、优质等基本特点。荞麦的高产性能主要由单株产量和植株密度（亩株数）所构成。产量＝单株产量×亩株数。单株产量又是由单株粒数和粒重（千粒重）所构成。甜荞和苦荞由于繁殖方式的差异，在产量组成上有明显的差异。

甜荞单株可产花 300～4 000 朵，有巨大的生产潜力，其自然结实率低（一般 20%左右）是产量限制的主要原因之一。导致甜荞自然结实率低的原因是甜荞本身自交不亲和、蜜蜂传粉不够等。此外，多雨和倒伏会严重影响蜜蜂传粉，也影响籽粒灌浆，是导致减产的主要因素。

在大面积良好栽培水平下，高产甜荞品种的主要参数为：单株粒数 70～100 粒，千粒重 30g 以上，亩株数为 5 万～8 万株，亩产 100～150kg。

不是每个甜荞品种都具有上述特点，一般来说，大粒、结实率较高、早熟、秆坚实抗倒伏的甜荞品种是较优良的品种。

132. 目前审定和正在推广的主要甜荞品种有哪些？

表 4 为 2000 年以来省级以上农作物品种审定委员会审定的甜荞品种基本信息。从 2016 年开始国家不再对甜荞麦进行品种审定、鉴定或登记。

表 4 2000 年以来省级以上审定或培育的甜荞品种

品种名称	育种单位或原产地	审（认）定委员会	培育时间	繁殖特点
晋荞麦（甜）1号（92-1）	山西省农业科学院作物研究所	山西	2000	花柱异长，自交不亲和，虫媒传粉
榆荞3号（改良-1）	陕西省榆林农业学校	陕西	2001	
蒙-87	内蒙古自治区农牧业科学研究院	内蒙古	2002	
宁荞1号（混辐1号）	宁夏固原市农业科学研究所	宁夏	2002	
定甜荞1号	甘肃定西市旱作农业科学研究推广中心	国家	2004	
晋荞麦（甜）3号（BI-1）	山西省农业科学院小杂粮研究中心	山西	2006	
信农1号	宁夏固原市农业科学研究所	宁夏	2008	
榆荞4号（榆荞-4）	陕西省榆林农业学校	陕西	2009	
平荞5号	甘肃平凉市农业科学研究所	甘肃	2009	
定甜荞2号	甘肃定西市旱作农业科学研究推广中心	甘肃	2010	
丰甜荞1号	贵州师范大学荞麦产业技术研究中心	贵州	2011	
威甜荞1号	贵州省威宁县农业科学研究所	贵州	2011	
平荞7号（平选01-036）	甘肃省平凉市农业科学研究所	国家	2012	

（续）

品种名称	育种单位或原产地	审（认）定委员会	培育时间	繁殖特点
庆红荞1号	陇东学院农林科技学院	国家	2012	观赏型，红花，花柱异长，自交不亲和，虫媒传粉
延甜荞1号	陕西省延安市农业科学研究所	国家	2013	花柱异长、自交不亲和、虫媒传粉
通荞1号	内蒙古通辽市农业科学研究院	内蒙古	2013	
赤荞1号	内蒙古赤峰市农牧科学研究院、中国农业大学	内蒙古	2013	
通荞2号	内蒙古通辽市农业科学研究院、内蒙古民族大学	内蒙古	2014	
西荞2号	西南大学、重庆市农业学校	重庆	2014	
品甜荞1号	山西省农业科学院农作物品种资源研究所	山西	2014	
贵甜荞1号	贵州师范大学、白城市农业科学院	吉林	2015	花柱同长、花柱异长三型花，部分为自交不亲和，异花授粉；部分自交可育，常异花授粉
贵甜荞2号	贵州师范大学荞麦产业技术研究中心	贵州	2015	花柱同长，自交可育，可自交和虫媒异花授粉
苏荞1号	江苏泰兴市农业科学研究所	江苏	2015	
苏荞2号	江苏泰兴市农业科学研究所、贵州师范大学荞麦产业技术研究中心	江苏	2015	

（续）

品种名称	育种单位或原产地	审（认）定委员会	培育时间	繁殖特点
白荞1号	白城市农业科学院、贵州师范大学荞麦产业技术研究中心	吉林	2015	花柱同长、花柱异长三型花，部分为自交不亲和，异花授粉；部分自交可育，常异花授粉
贵红花甜荞1号	贵州师范大学荞麦产业技术研究中心	—	2016	观赏型，红花红果，花柱同长、自交可育，可自交和虫媒异花授粉
贵红花甜荞2号	贵州师范大学荞麦产业技术研究中心	—	2016	观赏型，矮秆、红叶红秆、红花红果，花柱同长、自交可育，可自交和虫媒异花授粉

133. 苦荞优良品种应该具有哪些特点？

苦荞自花传粉、自交可育，结实率常常比甜荞高出1倍以上，在正常生长条件下苦荞产量比甜荞高50%以上。但是苦荞由于自花授粉、遗传纯合，对环境的适应性较差，尤其是不耐热，在30℃以上常常表现为种子败育，是苦荞产量的主要影响因素。

苦荞的主要育种目标如下：高产、高黄酮含量、壳薄、易脱壳、耐热、耐霜、高蛋白含量、大粒、早熟、中矮秆、秆坚实抗倒伏、不易落粒等。

高产苦荞的主要参数：在温湿度等环境适宜的条件下，自交结实率达50%以上；单株粒数130粒以上；千粒重20g以上；

亩株数7万～10万株；株高1～1.5m；亩产量150kg以上。

134. 目前审定和正在推广的苦荞品种主要有哪些？

表5为2000年以来省级以上农作物品种审定委员会审定的苦荞品种基本信息。从2016年开始国家不再对苦荞麦进行品种审定、鉴定或登记。

表5 2000年以来省级以上审定或培育的苦荞品种

品种名称	育种单位或原产地	审（认）定委员会	审（认）定时间	备注
西荞1号（额选）	四川西昌农业高等专科学校	国家	2000	果壳厚，难脱壳
川荞1号（凉荞1号）	四川凉山州昭觉农业科学研究所	国家	2000	
九江苦荞	江西吉安地区农科所	国家	2000	
凤凰苦荞	湖南省凤凰县农业局	国家	2001	
塘湾苦荞	湖南省凤凰县农业局	国家	2001	
川荞2号	四川凉山州西昌农业科学研究所高山作物研究站	四川	2002	
黔黑荞1号（威黑4-4）	贵州威宁农业科学研究所	贵州	2002	
黔苦2号	贵州威宁农业科学研究所	国家	2004	
黔苦4号	贵州威宁农业科学研究所	国家	2004	
西农9920	西北农林科技大学	国家	2004	
宁荞2号	宁夏固原农业科学研究所	宁夏	2005	
六苦2号	贵州六盘水职业技术学院	国家	2006	
晋荞麦（苦）4号	山西省农业科学院小杂粮研究中心	山西	2007	

（续）

品种名称	育种单位或原产地	审（认）定委员会	审（认）定时间	备　注
昭苦1号	云南省昭通市农业科学研究所	国家	2008	果壳厚，难脱壳
西荞2号	四川西昌学院	四川	2008	
西农9909	西北农林科技大学	国家	2008	
西荞3号	四川西昌学院	四川	2008	
黔苦3号	贵州威宁农业科学研究所	国家	2008	
川荞4号	四川凉山州西昌农业科学研究所高山作物研究站、凉山州惠乔生物科技有限责任公司	四川	2009	
川荞5号	四川凉山州西昌农业科学研究所高山作物研究站、凉山州惠乔生物科技有限责任公司	四川	2009	
黔黑荞1号（威4-4）	贵州省威宁县农业科学研究所	宁夏	2009	
晋荞麦（苦）2号	山西省农业科学院小杂粮研究中心	国家	2010	
川荞3号	四川凉山州西昌农业科学研究所高山作物研究站、凉山州惠乔生物科技有限责任公司	国家	2010	
平荞6号	甘肃平凉地区农业科学研究所	甘肃	2009	
西农9940	西北农林科技大学	国家	2009	
黔苦荞5号	贵州威宁农业科学研究所	国家	2010	

（续）

品种名称	育种单位或原产地	审（认）定委员会	审（认）定时间	备　注
云荞1号	云南省农业科学院生物技术与种质资源研究所	国家	2010	果壳厚，难脱壳
昭苦2号	云南省昭通市农业科学技术推广研究所	国家	2010	
迪苦1号	云南省迪庆州农业科学研究所	国家	2010	
黔苦荞6号	贵州威宁县农业科学研究所	贵州	2011	
晋荞麦（苦）6号	山西省农业科学院高寒区作物研究所、大同市种子管理站	山西	2011	
晋荞麦（苦）5号	山西省农业科学院高粱研究所	山西	2011	
六苦荞3号	贵州六盘水职业技术学院	贵州	2011	
凤苦3号	湖南省凤凰县政协	国家	2012	
云荞2号	云南省农科院生物技术与种质资源研究所	国家	2012	
西荞3号	四川西昌学院	国家	2013	
凤苦2号	湖南省凤凰县政协	国家	2013	
黔苦7号	贵州省威宁县农业科学研究所	国家	2013	
西荞4号	四川西昌学院、贵州师范大学、西昌航飞苦荞科技发展有限公司	四川	2013	

（续）

品种名称	育种单位或原产地	审（认）定委员会	审（认）定时间	备　注
西荞5号	四川西昌学院、西昌航飞苦荞科技发展有限公司、贵州师范大学	四川	2013	果壳厚，难脱壳
赤荞2号	内蒙古赤峰市农牧科学研究院、中国农业大学	内蒙古	2013	
西荞3号	重庆市农业学校、渝北区经济作物技术推广站	重庆	2014	
通苦荞1号	通辽市农业科学研究院、内蒙古民族大学	内蒙古	2014	
西荞6号	四川西昌学院	四川	2016	
西荞7号	四川西昌学院	四川	2016	

135. 什么是米苦荞？有哪些主要的米苦荞品种？

常规苦荞品种都是厚壳的，果壳厚而坚韧，占果实重量的20%～30%，很难脱壳形成生苦荞米，常常采用先把苦荞种子浸泡后蒸熟再干燥脱壳生产的苦荞熟米的加工工艺。这种方法易导致苦荞黄酮等功能性成分的丢失，颜色变为褐色或深褐色，营养功效和商品品质下降。

米苦荞（表6）是苦荞中的一种果实薄壳变异类型，由于籽粒小、产量低、适应性差等原因极少栽培。“西盟苦荞”是云南的一个地方品种（小米荞），其特点是果壳薄，占果实重量的10%～15%，成熟果实米粒常常有部分外露，果实无沟槽，果壳易碎，极易脱壳形成生苦荞米。米粒的品质与一般苦荞相似。四川省农作物品种审定委员会2009年审定通过一个辐射诱变培育的苦荞品种米荞1号，是米苦荞类型。小米荞和米荞1号在植株形态特征和果实特征方面都极其类似，又都具有米粒小、迟熟、中高秆、适应性差、产量较低等问题，至今这两个米苦荞型苦荞一直极少面积栽培。

贵州师范大学荞麦产业技术研究中心陈庆富利用小米荞、米荞1号分别与晋荞麦2号、黔苦5号进行有性杂交，2016年成功培育出米粒较大、较早熟、适应性较好、中秆、产量较高的米苦荞系列品种，见表6。这类品种不仅在籽粒大小上有所提高、适应性显著改善、熟期提早、亩产量增加，而且籽粒品质也显著提高，如高黄酮、容易脱壳、面团特性改善、苦味较轻、适口性提高，已开始在贵州等地生产上推广栽培。

表6　2000年以来培育的米苦荞品种

品种名称	育种单位或原产地	适应区域	培育时间	备注
米荞1号	四川成都大学、四川西昌学院	四川凉山	2009	迟熟，秋播
贵米苦荞18	贵州师范大学荞麦产业技术研究中心	黄河以南荞麦产区	2016	中熟，春播或秋播
贵米苦荞55	贵州师范大学荞麦产业技术研究中心	黄河以南荞麦产区	2016	
贵米苦荞11	贵州师范大学荞麦产业技术研究中心	黄河以南荞麦产区	2016	中熟，春播或秋播，糯性
贵黑米苦荞15	贵州师范大学荞麦产业技术研究中心	黄河以南荞麦产区	2017	中早熟，春播或秋播

136. 什么是金苦荞？有什么优点？

金苦荞是贵州师范大学荞麦产业技术研究中心陈庆富以苦荞为母本与多年生的金荞麦进行有性杂交，从其后代进行单株选择培育而成的一种新的苦荞种类。具有苦荞的很多特征，如花朵较小、花柱同短、自交可育、米粒与苦荞一样带苦味，也具有其父本多年生金荞麦的很多特点，如茎秆粗壮、根茎膨大、有一定的多年生性、枝条再生力强、耐割刈、花朵白色、种子较大粒。金苦荞品种摆脱了亲本的很多不足，如苦荞的一年生和小粒，金荞麦的种子落粒、春季不育、一年一熟、株型不紧凑等。金苦荞的越冬性介于一年生苦荞和多年生金荞麦之间，在有较强霜冻和低于－4℃下较难越冬。

该类型品种的最大优点是在黄河以南地区播种一次，一年可收 2 季。在春季栽培、夏季收获后，只需适当中耕施肥即可再生收获 1 季。特别是在无霜期会常年覆盖土地，维护生态平衡，是环境友好型的新型粮食作物。金苦荞生长极其旺盛，特别适合作饲料。其叶黄酮含量很高，可用于茶产品加工。其茎尖嫩，可作保健蔬菜。其籽粒大（千粒重＞30g）、黄酮含量高（约 4％）、秋季产量高（在贵阳，亩产可达 200kg），具有比常规苦荞更大的优势。此外，金苦荞花朵大于苦荞花朵，白色、有蜜，可养蜂。

但该类型品种在长日照下营养生长过旺，熟期推迟，在无霜期短的地方不能栽培收获种子。可以按如下模式进行栽培：春季、夏季作茎尖菜蔬菜栽培，秋季割刈后再生收获种子。

137. 什么是金荞麦？它有哪些主要用途和主要品种？

金荞麦（*Fagopyrum cymosum* complex），又称野荞麦、荞麦三七，是荞麦属大粒组多年生草本植物，包含二倍体大野荞、二倍体毛野荞、异源四倍体金荞麦 3 个种类。由于这 3 个种类形态相似、较难区分，故称金荞麦复合物。金荞麦株高 0.5～3m，根茎粗大，呈结节状，横走，红棕色，茎直立，有棱槽，绿色或红褐色。叶互生，三角形，长宽几相等，先端突尖，基部心状，边缘波状；托叶鞘近筒状，膜质。花大，集成顶生或腋生的聚伞花序；花被片 5 枚，白色；雄蕊 8 枚；子房上位，花柱 3 枚。瘦果卵形，具 3 棱，红棕色。花期 7～9 月，果期 10～11 月，但是不同来源的金荞麦在花期和果期上有显著不同。生于山坡、旷野、路边及溪沟较阴湿处。世界上分布广泛，我国南北都有。

金荞麦在我国古代就已入药，是重要的中药材之一。其功能为清热解毒、清肺排痰、排脓消肿、祛风化湿等。其主要有效成分是黄酮类物质，其中分布于根茎中的黄酮成分双聚原矢车菊苷元（dimeric procyanidin），不同于芦丁，具有增强人体免疫机能的作用，是其主要的功能成分之一。

目前金荞麦的主要药用部位是根茎。但是黄酮类物质的有效成分含量以叶和花最高，平均在 5%以上，而根茎中黄酮含量不足 1%。开发利用叶和花是金荞麦发展的一种重要趋势。

贵州师范大学荞麦产业技术研究中心陈庆富在收集大量野生金荞麦的基础上，经筛选培育出了叶黄酮含量达 10%以上的新品种贵金荞麦 1 号、贵金荞麦 2 号、红心金荞麦、贵矮金荞麦 1 号，并以此开发了金荞麦叶绿茶、发酵茶等新产品。

金荞麦在贵州也常常用作饲料作物。贵州省畜牧研究所培育出了黔金荞麦 1 号饲料用途品种。

138. 甜荞和苦荞在良种繁育上有何不同？

甜荞是典型的自交不亲和虫媒异花授粉作物，天然杂交率一般在 99.5%以上，在无隔离条件下，很容易相互授粉，造成生物学混杂，致使育种各级试验圃的籽实不能作种子。严格的隔离措施（周围 1 000m 以上无其他甜荞栽培，以及无往年栽培残留、自生甜荞和野生甜荞等的同季生长）以控制花粉，是防杂保纯的最主要工作。同时要注意及时拔除异株劣株，以防发生不同类型的非目标的天然杂交。良种繁育可采用“三季三圃制”。三季三圃制是农作物育种工作中生产原种的一种标准制度，包括株行圃、株系圃、原种圃的三季三个试验圃，即在良种生产田选择典型优良单株，下季种成株行圃进行株行比较，将典型株行下一季种成株系，形成株系圃，再将其中典型株系所收种子作为原原种，进入原种圃进行繁殖，生产原种。对于易混杂退化或混杂退化较严重的品种可以采用此法。其中关键要在开花初期和果实成熟期分别淘汰非典型株系，剩下的典型株系混收。

苦荞是典型的自交可育自花授粉作物，遗传纯合，自花授粉，相对不容易生物学混杂。良种繁殖可以采用由上而下逐代扩繁的方法生产。也可以从新品种原始群体中，采用单株选择、分系比较、混合繁殖的程序，即用“二季二圃制”的提纯复壮方法来生产原种。在种子生产过程中，主要是防止各种形式的机械混杂。田间栽培需要去杂去劣，以便提高纯度。二季二圃制：在良种生产田选择典型优良单株，下季种成株行圃进行株行比较，将入选株行混合收获，所收种子作为原原种，下季进入原种圃生产原种。

无论是甜荞还是苦荞，都可以按照下列方法保证种子纯度：

（1）隔离繁殖，统一品种布局，严防大田机械混杂和生物学混杂。在扩繁甜荞品种时，必须在隔离条件下进行，防止不同品种花粉的扩散串粉。常见隔离方法有套袋隔离、网室隔离和空间隔离（隔离区设在5km以上）。苦荞隔离距离无严格要求。繁育的品种要统一布局，对某一区域种植的多个荞麦品种进行鉴定，确定出适合当地的最好品种，并逐步淘汰不适宜的品种，实行“一乡一种”或“一县一种”，这样也有利于良种的保纯。

（2）建立严格的种子入库制度，防止机械混杂。一个地区或一个生产单位同时种植两个以上荞麦品种，从种到收，再从收到种，在某一环节上稍有不慎，就可能造成品种间混杂。繁育荞麦良种时，必须把好五关，即出库关、播种关、收割关、脱粒关、入库关。收获时必须认真执行单收、单运、单打、单晒、单藏的

“五单”原则。

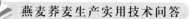

（3）加强栽培管理，扩大繁殖系数。任何一个荞麦优良品种，在不良的栽培管理和环境条件下，品种的优良性状便不能得到充分发挥，就会逐步导致荞麦良种种性变劣、退化。合理的优良品种繁育体制是加速新品种繁育推广最基本的组织保证，是种子工作的一项基本建设。荞麦新品种扩繁的地块，应地势平坦、肥力均匀、排灌方便，栽培管理水平要优于一般大田生产，使品种的优良种性得以充分发挥。扩大繁殖系数，可以加快种子更新速度。主要措施是点播或稀播，扩大播种面积；加强栽培管理，提高单位面积产量。

139. 我国荞麦良种种子生产体系是什么？

目前我国荞麦种子生产实行育种家种子（原原种）、原种和良种三级生产程序。也就是说我国荞麦品种种子可分为原原种、原种、良种三个层次。为了保障种子的纯度，无论哪个层次的种子，无论是甜荞还是苦荞，都需要在完全没有任何荞麦种子残留的地块进行繁种。甜荞良种繁种还需要周边隔离地带至少5 000m以内无其他甜荞品种栽培。

（1）原原种　是育种单位提供的最原始的一批种子，一般由育种单位或由育种单位的特约单位（原种场）生产。原原种生产时，需要选择特定品种的典型单株种成株行，根据品种的典型特性将整齐一致的典型株行混收即为原原种。在混收原原种之前，可从中选择单株供次年种植株行。苦荞是自花授粉作物，群体主要由纯系组成，因此只需在成熟期进行单株选择、分别脱粒保存即可。甜荞是异花授粉作物，群体遗传性不纯，需要在初花期和盛花期严格淘汰非典型个体，再在成熟期进行典型单株选择、混合脱粒保存。

（2）原种　是指用原原种直接繁育出来的，或推广品种经提纯后达到原种质量标准的种子。原种生产一般在原种场，按原种生产技术操作规程，由原原种直接繁殖，严格防杂保纯，生产原种。可进行典型选择，去杂去劣，但无须种植成株行。

(3) 良种 是指用原种繁殖的种子，是提供给农户种植的生产用种。要求达到良种（含杂交种）的质量标准，种子具有较高的品种品质和播种品质，纯度高、健壮、饱满，只有这样，良种的生产潜力才能充分发挥。一般在良种场由原种直接隔离繁殖，防杂保纯。

140. 我国对荞麦良种有什么要求？

荞麦良种应符合纯、净、壮、健、干五个指标的要求。纯，指的是种子纯度高，没有或很少混杂有其他作物种子、其他品种或杂草的种子。特征特性符合该品种种性和国家种子质量标准中对品种纯度的要求。净，指的是种子净度好，即清洁干净，不带有病菌、虫卵，不含有泥沙、残株和叶片等杂质，符合国家种子质量标准中对品种净度的要求。壮，指的是种子饱满充实，千粒重和容重高；发芽势、发芽率高，种子活力强，发芽、出苗快而健壮、整齐，符合国家种子质量标准中对种子发芽率的要求。健，指的是种子健康，不带有检疫性病虫害和危险性杂草种子，符合国家检疫条例对种子健康的要求。干，指的是种子干燥，含水量低，没有受潮和发霉变质，能安全贮藏，符合国家种子质量标准中对种子水分的要求。

根据种子质量的优劣，将良种划分为大田用种一代、大田用种二代；杂交种子分为一级、二级。2012 年发布实施的国家标准《粮食作物种子　第 3 部分：荞麦》（GB4404.3—2010）对甜荞和苦荞种子的质量要求、检验方法和检验规则作出了规定。根据该标准，荞麦种子的质量应该达到下列标准指标（表 7）。

表 7　荞麦种子质量指标

(GB 4404.3—2010)

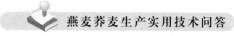

作物种类	种子类别	品种纯度不低于（%）	净度（净种子）不低于（%）	发芽率不低于（%）	水分不高于（%）
苦荞麦	原种	99.0	98.0	85	13.5
	大田用种	96.0			
甜荞麦	原种	95.0	98.0	85	13.5
	大田用种	90.0			

141. 我国荞麦生产分为哪些栽培区？各有什么特点？

中国荞麦主产区可明显分为南北两个产业带。北方以甜荞栽培为主，南方以苦荞栽培为主。北方荞麦产业带（北方荞麦产区）包括：吉林、辽宁、内蒙古、陕西、宁夏、甘肃、山西等地。南方荞麦产业带（南方荞麦产区）包括：云南、四川、贵州、西藏、重庆、湖南、湖北、江苏等地。

根据荞麦播种季节和生态特点，可将荞麦产区细分为 4 个生态区：

(1) 北方春荞麦区　包括长城沿线及以北的高原和山区。本区属高纬度、高海拔区，大部分地区海拔在 1 000m 左右，无霜期 100～130d，≥10℃有效积温不到 3 000℃，年降水量 300～400mm，春季干旱，夏季雨水比较集中。荞麦生育期间气候温暖湿润，光、热、水能满足要求，是我国甜荞的主要产区，甜荞种植面积占全国荞麦面积 50%～60%。本区耕作粗放，一年一作，春播（五月下旬到 6 月上旬）。本区南北有纬度差别，东西有地势上的不同，北部气候寒冷，生育期短，需用耐寒的早熟品种，南部气候稍暖，生育期略长，可选择中、晚熟品种。

(2) 北方夏荞麦区　本区以黄河流域为中心，位于我国中部，多为平原低海拔区。无霜期 170～225d，春季有寒潮，秋季有早霜，夏季温度较高，≥10℃有效积温 3 600～4 800℃，年降水量 500～900mm，七八月雨水集中，土壤肥力中等。本区耕作较为精细，是我国冬小麦的主要产区。荞麦是小麦后茬，平原 7～8 月复播甜荞，高寒山区 5～6 月夏播苦荞为本区特点。本区是我国荞麦复播区，近年来因农田水利的发展和高产作物的推广，太行山以东的平原地区，荞麦种植面积大大缩小，太行山以西无灌溉条件的丘陵和高寒山区，仍继续种植荞麦，应选用早、中熟品种。甜荞和苦荞品种在该区都有栽培。

(3) 南方秋、冬荞麦区 本区位于我国南方及沿海地区，海拔较低，又有丘陵山地。本区范围广阔，气候温暖，无霜期长，雨量充足，以耕作为主，荞麦为水稻的后作，多零星种植，种植面积极少，不到全国荞麦总面积的 5%。该地区多栽培甜荞品种。

(4) 西南高原春、秋荞麦区 本区属低纬度高海拔地区，包括青藏高原、甘肃甘南、云贵高原、川西高原、川鄂湘黔边境山地丘陵和秦巴山区南麓。海拔多在 800～3 000m，农业立体性强，种植垂直带明显。耕地多分布于山地平坝、盆地沟川或坡地上。年平均温度 7～18℃，≥10℃有效积温 2 700～4 700℃，年降水量 900～1 300mm。本区海拔 400m 以下的河谷平坝地区，≥10℃有效积温超过 5 500℃，无霜期长于 300d，为二年三熟制，苦荞品种一般秋播，比春播有较高的产量。是我国苦荞主要产区。在海拔较高地区一年一作，以春播或夏播苦荞为主。而苦荞春播或夏播常常因为高温结实较少，产量低。该地区甜荞品种常常春播，也可以秋播。甜荞品种由于较耐受高温，在春播的情况下，也能获得相当产量。此区是荞麦起源地，分布有几乎所有已知荞麦种类，气候环境尤其是秋季气候非常适合荞麦生长，是产量最高的季节。大多数的野生荞麦自然条件下也都是在秋季开花结果。生产上的主要问题是荞麦栽培地大多数是山坡地，肥水条件差，瘠薄和干旱是主要问题，白粉病、立枯病、轮纹病等频繁发生，尤其是春季播种，中后期遭遇丰富的雨水和高湿热环境，病害发生较为严重，花朵开花授粉也可能遭受影响，植株也易倒伏。如果栽培在山坡地上，则干旱和高温会成为荞麦生产的主要限制因素。春季栽培时节，甜荞品种最好选用粗壮繁茂型、抗病性强、抗倒伏、耐湿热的品种。而苦荞品种尤其是在海拔较低的地区应该具有耐热性好、抗病性较强、抗倒伏等特征，才能获得高产。

142. 生产上如何选择荞麦品种？能否推荐一些分别适合南北方栽培的荞麦品种？

荞麦是适应性比较广的一种作物，只要温度在 10～30℃范围内都能很好地生长。但是要获得高产，则必须选择最能适应当地环境的品种。

通常情况下，南方荞麦区如四川、贵州、云南等省选育的品种应该都能在南方荞麦区栽培，也可以在北方荞麦区栽培。同样，对于北方荞麦主产区培育出来的荞麦品种，较适应北方地区环境，也能在南方栽培。但是南方雨水较多，容易引起倒伏和低结实率，导致减产。因此在南方主产区，中矮秆、抗倒伏、高结实率品种容易获得高产。

荞麦生产上建议推广的荞麦品种如下：

北方荞麦产区：建议推广大粒型、荞米整米率较高、抗旱、抗倒伏的甜荞品种，如榆荞 4 号、丰甜 1 号、定甜 2 号、宁荞 1 号、平荞 2 号、平荞 7 号、北早生、信农 1 号、贵甜荞 1 号、贵甜荞 2 号、白荞 1 号、白荞 2 号等。本区以甜荞为主，苦荞品种也可以积极引入，重点引进耐热性较好的较早熟品种进行栽培。

南方荞麦产区：建议推广的常规苦荞品种为川荞 1～4 号，

西荞 1～7 号，黔苦 5～7 号，六苦 2 号、六苦 3 号，昭苦 1 号、昭苦 2 号，云荞 2 号，晋荞麦 2 号、晋荞麦 5 号、晋荞麦 6 号。对于海拔较低、较热的苦荞产区，建议推广耐热的品种如黔黑荞 1 号、九江苦荞、川荞 2 号等。对于以生产苦荞米为主的，建议推广壳薄的易脱壳苦荞品种（见贵米苦荞系列）。对于以生产苦荞茶为主的，可推广黄酮含量高的苦荞品种如黔苦 5 号、晋荞 2 号等，以及新培育的金苦荞（贵金苦系列）品种；以生产叶茶为主的，建议推广栽培高黄酮含量的专用品种贵金荞麦 1 号、贵矮金荞麦 1 号、红心金荞麦以及金苦荞品种贵金苦 1 号、贵金苦 4 号、贵金苦 5 号、贵金苦 6 号。

对于观赏型需求的荞麦栽培，建议选用庆红花甜荞、贵红花甜荞 1 号、贵红花甜荞 2 号等甜荞品种，花朵颜色艳丽，适合做旅游观光需要。

143. 如何进行苦荞的系统育种？

系统育种法是从自然群体中选择优良变异株，经后代鉴定和扩繁形成新品种的育种方法。苦荞由于自花授粉，在长期自交下，个体遗传性高度纯合，其自然群体常常是纯系的混合体，用系统育种法可从地方品种中选出产量、品质、适应性等均高于原品种的变异纯系，培育成新品种。由于该方法简单有效，而苦荞有性杂交困难，所以系统育种法一直是苦荞育种的最常用方法。目前绝大多数苦荞品种，都是采用此法育成。这种育种方法主要是针对在当地栽培表现较好的苦荞品种且群体中有部分植株显著变异的情况。由于苦荞一般是纯系，常用单株选择法，因此苦荞系统育种有时又被称为单株选择育种。

苦荞系统育种常用的基本程序如下：

（1）第一阶段，单株选择。在成熟期，从大田群体中选择优良单株，按株收获。根据育种目标和室内考种结果，进一步对单株进行选优去劣。此阶段需要1季。

（2）第二阶段，株行（系）试验。入选的优良单株的种子各自单独种成株行（2～3行），并以原品种和当地推广品种做对照，表现差的株行，全部淘汰；表现分离的，继续选单株，下季再进行株行试验；稳定的优良株行，经室内考种，均显著优于对照的，入选优良株系。此阶段需要1～2季。

（3）第三阶段，品系比较。将上一季入选的优良株系升级为品系，各品系种成小区，每小区行长2m、5行，行间距约33cm，每小区约4m^2，重复3次；以当地主推品种为对照，进行田间与室内鉴定，选出优良品系。小区大小可根据具体情况自定，此阶段需要1～2季。

（4）第四阶段，区域试验。表现优良的品系可作为候选新品种，参加省级或国家级区域试验，一般要进行2～3年。此阶段的区试工作主要由种子管理站指定的某单位组织实施；育种者可扩繁新品系的种子，为大面积推广做准备；区试表现突出的新品系，可作为新品种在适宜区域推广种植。

上述程序是应遵循的基本程序。但是当某些株系表现极为突出时，可直接进入区试，甚至直接进入推广阶段。

144. 如何进行甜荞的系统育种？

甜荞是花柱异长、自交不亲和的虫媒传粉作物。甜荞群体植株间遗传差异大，植株基因型常常是杂合的，单株选择后代遗传会发生分离，而且由于自交不亲和，必然再次进行植株间杂交。如果单株后代群体进行遗传相似植株间杂交，将会导致近交衰退，植株农艺性状越来越差，难以培育出优良品种。因此，甜荞的系统育种一般采用混合选择的方式。一般情况下，可根据在当地栽培表现较好的一些甜荞品种或其混交后代，作为初始育种群体，按照下列育种程序进行。

甜荞的系统育种主要是混合选择育种，其基本程序如下：

第一阶段，混合选择、构建初始品系。在成熟期，从大田群体中选择明显有别于原品种的优良单株，按株收获。根据室内考种结果，进一步对单株进行选优去劣，将优良单株种子混合成初始品系。此阶段需要1～2季。

第二阶段，后代鉴定、提升品系的优良程度。选择一个在地理上相对隔离（周边未栽培任何甜荞）的地块作为选种-繁殖圃，将初始品系播种在一个相对隔离的环境中，进行后代鉴定试验，多次选择、淘汰劣株，提升优良单株在群体中的比率。该阶段可持续2～5季，直至形成明显优良的品系。

第三阶段，品系比较、确立品系的优良特性。将优良品系的部分种子种成小区，每小区行长2m、5行，行间距约33cm，每小区约$4m^2$，重复3次。以当地推广品种做对照，进行田间与室内鉴定，选出优良品系。此工作在品比试验圃中进行，此阶段需要1～2季。优良品系的其余种子，仍按第二阶段的方法，在选种-繁殖圃中继续汰劣，进一步提升品系中优良单株的比率，同时繁殖种子，为区试、栽培示范和推广做准备。

第四阶段，区域试验。表现优良的品系可作为候选新品种，参加省级或国家级区域试验，一般要进行2～3年。同时，优良品系在选种-繁殖圃中，仍按第二阶段工作继续汰劣，进一步提升品系中优良单株的比率，同时繁殖种子，为示范和推广做准备。区试表现突出的新品系，可作为新品种在适宜区域推广种植。

145. 如何进行苦荞的诱变育种？

由于自然突变率较低（大约10^{-6}），因此自然存在的突变总是有限的，而在人工诱变处理（物理和化学诱变）下，其突变率可提高10倍以上，甚至上百倍。通过突变处理获得优良突变体，由此培育荞麦品种也是一条有效途径。由于化学诱变容易造成环境污染，一般常用辐射处理方式进行诱变育种。物理诱变一般以种子作为处理材料，以 γ 射线等进行辐射处理，参考剂量为 200～600Gy，以半致死剂量效果最佳。一般选择在当地栽培表现良好但个别性状需要改进的苦荞品种为材料，按诱变育种程序进行育种。

苦荞诱变育种的基本程序如下：

第一阶段，诱变处理、单株选择。选择某优良品种的健康饱满种子 6～8kg，按推荐剂量（或半致死剂量）进行辐射处理。处理完后，及时播种。播种面积约 2 亩，精细管理，形成突变 1 代群体。在成熟期，从群体中选择变异单株，按株收获和脱粒保存，这些入选的变异单株进入第二阶段。其余植株混合收获，下一季扩种至 5～10 亩，形成突变 2 代群体，成熟期再次从中进行突变体的单株选择。突变 1 代群体中突变通常较少，而突变 2 代群体中的突变株会更多一些，应进行重点和仔细选择。入选的突变株进入第二阶段。此阶段通常需要 2～3 季。

第二阶段，株行（系）试验。上述突变株分别种植成株系，观察突变性状的表现和是否稳定遗传。将其中稳定遗传的株系、单株产量和品质及农艺性状比较优良的株系升级为品系，进入第三阶段。对遗传不稳定的株系，再次进行单株选择，下一季继续种植成株系，直到遗传稳定，即可成为新品系。其中产量不高的但具有独特性状的新品系可以作为遗传育种研究材料。

第三阶段，品系比较。即进行品系比较试验，筛选出优异的品系进入第四阶段。

第四阶段，区域试验。对优异品系进行种子繁殖，同时提交区试组织单位进行区域试验和生产试验。

区域试验和生产试验表现突出的新品系，可作为新品种在适宜区域推广种植。

146. 如何进行甜荞的诱变育种？

甜荞是花柱异长自交不亲和的虫媒传粉植物，遗传杂合度高，突变基因大多数隐性，常常容易被遮盖而不能表现出突变性状。因此需要创造一个近交过程，使其纯合。如果使用含有H基因的自交可育甜荞纯系或其与长花柱短雄蕊常规甜荞植株的杂交种子进行诱变育种，则可大幅度提高甜荞诱变育种的成功率。

甜荞诱变育种程序如下：

第一阶段，诱变处理、相同变异单株间近交。选择某优良品种或自交可育甜荞的健康饱满种子约10kg，按推荐剂量（或半致死剂量）进行辐射处理，然后播种，种植面积约2亩，精细管理，形成诱变1代群体。在诱变1代群体中，对在花期就能表现的突变性状，在花期时（最好是初花期，越早越好）从群体中选择变异单株，将有相似变异的植株，移栽到一个隔离地块进行人工辅助授粉、增加近交，所结种子混合收获后进入第二阶段。对在成熟期才表现的突变性状，对有突变性状的单株，可以在相同突变体植株之间进行人工辅助授粉，这些有相同突变性状的植株可混合收获和脱粒保存，所得种子进入第二阶段。其余植株混合收获，下一季扩种5～10亩，形成诱变2代群体。诱变2代群体按上述方法针对突变性状进行选择和辅助授粉，增加近交。再次从中针对突变性状，进行混合选择。入选的有相同突变性状的单株可混合脱粒，进入第二阶段。本阶段相似突变性状的植株可混合收获，形成突变系。此阶段需要2～3季。

第二阶段，突变系内近交、形成稳定突变体品系。由于甜荞是虫媒异花传粉作物，为了避免混杂，需要在隔离防虫网室中进行。按突变性状不同，分别种成不同的突变系，系内进行人工辅助授粉，使其近交。目的是促进突变基因逐渐纯合化而稳定遗传。近交种子在下一代种植成近交1代群体，从中选择相同突变性状的单株进行人工辅助授粉，按不同突变性状分组进行近交，各近交组合分别混合收获。下一季种植成一系列近交2代群体，继续从中选择相同突变性状的单株进行人工辅助授粉，按不同突变性状分组继续近交，各近交组合分别混合收获。依此类推，直到近交系中突变性状及其他性状都基本稳定为止。此时可进行突变株系内混合授粉、混合收获，形成具有突变性状的新品系。对于综合性状良好、产量和品质较好的品系，可进入第三阶段，而其他品系可作为遗传育种研究材料。此阶段需要2～4季。

第三阶段，品系比较，确立品系的优良特性。

第四阶段，区域试验。

147. 如何进行苦荞的同源多倍体育种?

选择适应当地荞麦栽培的较高产、较饱满、较早熟、结实率较高的苦荞品种，按照下列基本程序进行苦荞的同源多倍体育种工作。

第一阶段，诱变处理、单株选择。

方法：选择优良品种的健康种子，用0.1%～0.2%秋水仙素溶液浸泡24h，播种到花盆或大田中，精细管理。二叶期时，用棉花包裹生长点，每天早上和傍晚，滴加0.1%～0.2%秋水仙素溶液于棉花上，保持湿润。持续1周后，取下棉花。

形态鉴定：若处理后植株新生叶变厚、花和果变大，则该植株可能加倍成功，其后代可能是四倍体品系。

细胞学鉴定：将形态上判断可能是四倍体的荞麦植株所结种子进行发芽处理，取根尖或茎尖进行体细胞染色体数鉴定，或观察花粉母细胞减数分裂中期Ⅰ染色体配对构型情况，均可鉴定是否为四倍体。鉴定方法可参考陈庆富（2012）的方法。

此阶段需要 1～2 季。

第二阶段，除了极少数同源四倍体苦荞种子饱满，可直接进行产量比较试验外，绝大多数同源四倍体苦荞种子不饱满，育性下降，产量较低，因此需要做进一步的改良。方法是将第一阶段产生的不同品种的大量同源四倍体苦荞品系进行有性杂交，对所得四倍体苦荞杂种进行后代鉴定，对其中育性较正常、遗传较稳定的杂种四倍体苦荞品系进行产量鉴定。其中表现好的杂种四倍体苦荞品系进入第三阶段，而表现一般的可作为遗传育种材料供进一步研究使用。

第三、四阶段，品系比较、区域试验和生产试验。

148. 如何进行甜荞的同源多倍体育种？

甜荞遗传杂合性较高，染色体加倍后多数情况下仍可以保持一定的结实率和相当的饱满度，利用加倍后的形态巨大化效应，可获得更大的籽粒，对产量有一定的正效应。在开展甜荞同源多倍体育种时，可选择适应当地栽培环境的较高产、较饱满、较早熟、结实率较高的甜荞品种，按照下列基本程序进行甜荞的多倍体育种工作。

第一阶段，诱变处理、辅助杂交、混合选择。同苦荞多倍体育种程序第一阶段。此阶段需要 1～2 季。

不同的是，甜荞是异花授粉作物，在加倍处理时需要使用较多的材料，并使较多的植株同时加倍，这样可获得短花柱的同源四倍体和长花柱的同源四倍体植株，这些植株彼此授粉才能获得四倍体后代。因此，四倍体甜荞植株品系需要在隔离条件下繁殖，也可以让他们彼此杂交，即让不同甜荞品种的四倍体系间自然杂交、混合选择形成初始四倍体品系。

第二阶段，为了进一步增加杂合性，提高育性和遗传稳定性，可将不同甜荞品种的四倍体植株任其天然杂交，混合选择其中的优良植株，混合播种和收获形成初始四倍体甜荞品系。

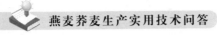

通常需要3～5季，才能使其繁殖系统逐步趋于稳定，育性趋于正常。

第三、四阶段，品种比较、区域试验和生产试验。

149. 荞麦杂交育种中如何选配亲本?

荞麦杂交育种是指通过荞麦品种间或种间杂交创造新变异，从其后代群体进行多次连续的单株选择或混合选择，经后代鉴定和品种比较试验，而选育新品种的育种方法。杂交育种的关键是亲本选配。亲本选配得当，则培育出新品种的概率较大。

荞麦杂交育种亲本选配的一般原则如下：

（1）双亲必须具有较多的优良性状、较少的不良性状，其优良性状和不良性状能互补，不能有严重的不良性状。

（2）亲本之一最好为当地推广的优良品种，适应当地自然和栽培条件，丰产性好。

（3）亲本间的遗传差异（不同生态型和不同系统来源品种）较大，由此可导致杂交后代分离广泛，有可能出现超亲类型。

（4）杂交亲本应具有较好的配合力，因为优良品种不一定是优良亲本。在这里，配合力是指某亲本和其他亲本杂交，在杂种后代中产生优良个体的能力。

150. 如何进行甜荞的杂交育种?

一般甜荞品种是花柱异长的虫媒传粉植物，由两种花型的植株所组成，即长花柱短雄蕊型植株和短花柱长雄蕊型植株。同型植株间授粉不结实，因此也是自交不亲和的，不必进行人工去雄。杂交授粉时只要遵循长雄蕊授粉长花柱、短雄蕊授粉短花柱的授粉原则（被称为合法授粉），便能正常结实。因此，自然条件下，间隔不远的不同甜荞品种间时时刻刻地进行着天然的植株间杂交、品种间杂交，一些甜荞的混合选择育种本质上可能也是杂交育种。

为了实现特定品种间的杂交，可以在防虫网室内种植各种不同的品种，然后进行人工有性杂交。也可以在大田采用套袋方式进行隔离和有性杂交。

大田纸袋隔离杂交授粉方法：在亲本初花期时，对若干不同亲本品种植株主花序或生活力较强的分支花序进行套装，套袋前先去除已结种子和已开花朵，只保留花蕾。次日，上午9～11时或下午4～6时摘取开始开花、花药开始破裂的套袋植株的一花序，对母本植株进行授粉，即将父本长雄蕊短雌蕊花的花粉涂抹在母本长花柱短雄蕊的刚开花的柱头上，即完成授粉。建议杂交组合为：母本为长花柱短雄蕊，父本为短花柱长雄蕊，这种组合方式的杂交结实率较高。主要原因是长雄蕊花粉较容易涂抹到长花柱柱头上，授粉结实率高。授粉完成后，应及时套袋保持隔离，同时在袋子上写下杂交组合的名称和日期、杂交组合配制人。杂交组合名称为母本×父本。

甜荞杂交育种的基本程序：

第一阶段，第一季是亲本选配、有性杂交。按照亲本选配原则，选定好亲本以后，即可按上述甜荞杂交方法进行有性杂交。可进行单交（A×B），也可进行复交（A/B//C，A/B//C/D）。第二季是杂交组合筛选、优良杂交组合后代混合选择，形成初始育种群体。即将不同组合杂交种子进行种植，每组合可种成一个小区，稀播，任其天然杂交，对其中杂种优势显著、表现较好的1个组合或几个相似的优良组合，混合选择其中的优良植株，混合收获和播种形成初始品系。对于杂种优势较不明显、农艺性状不理想的杂种组合，可在初花期进行淘汰（删除不良组合，越早越好，以免与优良组合发生生物学混杂）。

第二、三、四阶段，与甜荞混合选择系统育种类似。

151. 如何进行苦荞的杂交育种?

苦荞由于花小，常常闭花受精，非常不便于进行人工去雄和有性杂交，这是目前很少有苦荞杂交育成品种的主要原因，也是限制苦荞育种水平提高的关键因素。苦荞有性杂交很难，但并不是不能进行。贵州师范大学荞麦产业技术研究中心陈庆富（Chen，1999）提出苦荞刚开花朵的人工去雄授粉方法可用于苦荞的杂交育种。

刚开花朵人工去雄授粉法：盆栽或大田栽培苦荞各品种。虽然苦荞是自花授粉作物，常常闭花授粉，但是不同品种闭花授粉的比率有所不同，而且总是有少数花朵会开花授粉的。初花期时，不同苦荞品种开花时间不同、会开花的花朵数目也不同。绝大多数苦荞品种花朵在湿度较大、温度较低的清晨，开花的花朵在刚开花的数十秒内，花药是不开裂的，此时是最佳去雄的时间，可用牙签直接去除花药，等待父本花药开裂，即可将父本刚开裂的花药花粉涂抹在刚去雄的苦荞花朵柱头上，完成授粉。授粉后在花朵上用记号笔做上标记，并将其他已结果实、已开花朵、未开花蕾去掉，挂上标签牌，写上杂交组合名称、杂交制作人及杂交日期。由于苦荞花小、不艳丽，很少有蜜蜂来传粉，因此可以不用套袋隔离，这样果实发育更正常。这种杂交方法的结实率较高，但是必须随时关注和观察苦荞各品种花朵的开放情况，及时抓住开花后的短暂时间。所以杂交种子的数量常常不可能很大，但是每天连续的杂交也可积累不少种子，实际上只要能杂交成功，并不需要很多的杂交种子。

苦荞杂交育种程序：

第一阶段，苦荞杂交和杂种后代群体的获得。第一步骤，亲本选配、有性杂交。此阶段需要 1～2 季。按照亲本选配原则，选定好亲本以后，即可按上述苦荞杂交方法进行有性杂交，可进行单交（A×B），也可进行复交（A/B//C，A/B//C/D）。第二步骤，杂交组合后代单株选择。将不同组合杂交种子进行种植，每组合可种成若干行，稀播，得杂种 F_1。淘汰表现明显不好的组合，较好的组合杂种混合收获，所得种子，再次播种，每组合种成 1 个小区，获得杂种 F_2 代分离群体。从杂种 F_2 群体选择优良单株，单独收获。此阶段需要 2 季。

第二阶段，株系试验。各组合杂种后代群体选出的单株，下一季播种成株系，比较株系的优劣，从优良株系中选择优良单株；下一季再次播种成株系，再次从优良株系中选择优良单株。依次类推，直到性状稳定、获得极为优良的株系为止。此阶段需要 2～4 季。

第三、四阶段，品种比较、区域试验和生产试验。

十三、荞麦栽培技术

152. 荞麦栽培需要什么条件?

荞麦是一种抗旱耐瘠粮食作物，但要获得高产，与其他作物一样，需要良好的栽培条件。

（1）土壤条件及矿质营养 荞麦对土壤的适应性比较强，但是它的根系弱、子叶大、顶土能力差，因此要求种植荞麦的土壤要有良好的结构、一定的空隙度，以利于水分、养分和空气的储存及微生物的繁殖。荞麦对酸性土壤有较强的耐受性，在一般酸性土壤上种植都能获得较高的产量。碱性较强的土壤，荞麦生长受到抑制，经改良后方可种植。

荞麦对矿质养分的要求，一般以吸取磷、钾较多。施用磷、钾肥对提高荞麦产量有显著效果；氮肥过多，营养生长旺盛，“头重脚轻”，容易引起旺长，产量降低。

（2）温度条件 苦荞发芽的温度条件为日均温 7～8℃以上，

10～11℃时出苗率可达80%～90%。甜荞要求的温度略高，在10～11℃时出苗率仅40%～50%，12～14℃时出苗率才达80%～90%。随着温度的升高，出苗日数减少。日均温30℃以上，出苗率和生长发育均受到影响。因此，日均温在7～30℃是荞麦种植和生长的合适条件。一般甜荞品种生育期≥10℃适宜的有效积温为1 200～1 600℃，苦荞生育期较长，一般为1 800～1900℃。总的说来，荞麦种子发芽的最适宜温度为15～30℃，播种后4～5d就能整齐出苗。生育阶段最适宜的温度是18～22℃；开花结实期间，凉爽的气候和比较湿润的空气有利于产量的提高；当温度低于13℃或高于25℃时，植株的生育受到明显抑制。荞麦耐寒力弱，怕霜冻，因此栽培荞麦的关键措施之一，就是根据当地积温情况掌握适宜的播种期，使荞麦生长处在温暖的气候条件下，开花结实处在凉爽的气候环境中，并保证在霜前成熟。

(3) 水分条件 种子发芽和生长都需要一定的水分，荞麦最适宜的土壤含水量为16%～18%（相当于土壤田间持水量的60%～70%）。因此，人们常常播前整地保墒，有条件的地方浇底墒水，对保证全苗发挥了重要作用。荞麦一生中约需水760～840m^3，抗旱能力较弱。荞麦喜湿润，但忌过湿与积水，在多雨季节及地势低洼易积水之地，特别是稻田种荞麦，更应注意作畦开沟排水。

(4) 光照条件 荞麦属于短日照植物，日照长度12h以下才能正常开花结实。感应时间一般在4片真叶展开之前。不同品种对日照长度的反应是不同的，晚熟品种比早熟品种的反应敏感。荞麦也是喜光作物，对光照强度的反应比其他禾谷类作物敏感。幼苗期光照不足，植株瘦弱，若开花、结实期光照不足，则引起花果脱落，结实率低，产量下降。但是由于遗传变异，不是所有荞麦品种都需要短日照条件，有相当多的荞麦品种属于日照长度不敏感型，只要有足够光照强度，温度和湿度合适，就能正常生长和发育。

153. 荞麦的一生可分为哪几个阶段？

荞麦从出苗开始到种子成熟构成荞麦的一生。荞麦的生育期就是荞麦出苗到成熟所需要的天数。荞麦生育期的长短随品种、自然环境和栽培条件的不同存在较大差异。一般情况下，荞麦的生育期为 60～120d。就品种类别划分而言，全生育期 60～70d 为早熟品种，70～90d 为中熟品种，90～120d 为晚熟品种。甜荞品种的生育期要短于苦荞品种，一般短 20～30d。

荞麦生育期大致可分为出苗期、苗期、花蕾期、开花期、果实期和成熟期六个生长时期。

（1）出苗期　是指种子开始出苗到子叶展开的时期，一般播种后 3～5d 出苗。

（2）苗期　是指幼苗子叶展开后到初花出现的这个时期，一般为 20～30d，多数的荞麦品种到 4 片真叶左右。

（3）花蕾期　从花蕾开始出现到花朵开始开放的时期。这个时期较短，一般为 7～10d，部分品种可达 15d。

（4）开花期　从植株第一朵花开始开花到所有花朵开放的时期。这个时期又可细分为始花期、盛花期和终花期，盛花期一般 20d 以上。由于荞麦边开花边结实的生长习性，终花期时多数荞麦籽粒接近成熟，因此这个时期是产量形成的关键时期。

（5）果实期　指种子开始发育至所有果实成熟的时期，这个时期又可细分为灌浆期、乳熟期和完熟期三个时期。一般情况下，灌浆期需 7～10d，是种子物质积累最快的时期。完熟期时种子中营养物质已经固化，种皮颜色变成成熟色。

（6）成熟期　指荞麦群体中 70％以上的种子变成了成熟颜色以后的时期，到这个时期，荞麦即可收获。

154. 荞麦有哪些种植模式?

荞麦生育期短，非常适宜与其他作物进行间套轮作，利于发展多熟种植模式。江苏地区探索出了青蚕豆—玉米/胡萝卜—荞麦一年四熟的种植模式，提高了复种指数，增加了单位土地面积的产出率。在西南地区，素有“苦荞半年粮”之称，在作物布局和轮作中占有重要的地位。近年生产上荞麦采用与马铃薯轮作倒茬，极大地丰富了荞麦的栽培种植制度。

在乌蒙山区特别是毕节地区，利用马铃薯的收水期（2～3个月)，栽培一季苦荞，不仅抑制了马铃薯收水期的杂草丛生，减少马铃薯收获前必须先除草的劳务支出，还可以增收一季苦荞，提升年产值和经济效益。近几年贵州毕节地区大力推广这种马铃薯/苦荞复种模式，取得了显著的效果。具体做法是在马铃薯块茎成熟“倒苗”前1周左右，撒播苦荞种子。马铃薯“倒苗”后，苦荞出苗，生长一季，收获苦荞后再收获马铃薯。

近些年来，在贵州中部地区大力发展水果产业。由于水果树苗从栽培到开花结果需要3～5年，这期间果树苗小，杂草丛生，严重影响果树生长，每年需要进行多次除草。利用荞麦矮秆、生长快速、能抑制杂草等特点，在果树栽培区，进行荞麦/果树间作，特别是刺梨与荞麦间作被广泛采纳。在果园栽培荞麦不仅可抑制杂草生长，免去除草，还可以获得荞麦2～3季的收成，栽培甜荞还可以收获蜂蜜，经济效益极为显著。已成为贵州中部的流行模式。

155. 如何确定荞麦的栽培季节?

荞麦喜温暖，怕酷暑和霜冻。荞麦的栽培季节与荞麦栽培品种及播种地区当地气候条件关系密切，在确定栽培季节时应考虑到栽培品种，在选用栽培品种时，也应根据当地气候条件而定。

生产中，荞麦的播种季节在不同地区存在明显的差异，根据无霜期的长短，一年内可播种的次数也显著不同。南方大部分地区一般可年种植两季，而北方地区一般年种植一季。根据播种季节可分春荞、夏荞和秋荞 3 种类型。生产上只要掌握“春荞霜后播，秋荞霜前收”的原则，都可获得较好收成。

（1）春荞 江苏、湖南等地，由于光热资源较为丰富，无霜期长，总积温高，水分充足，荞麦可一年种植两季，春荞一般在 3 月中下旬播种最为适宜。西北地区苦荞麦一般在 5 月中下旬播种较为适宜。北方内蒙古地区，春荞麦一般于 5 月上中旬播种。

（2）夏荞 荞麦在开花结实过程中，若遇高温，易造成花而不实，因此夏荞的种植面积相对较少，仅有陕北黄土高原区，于 5 月下旬至 6 月下旬播种，以 6 月下旬为宜。在西南海拔较高的地区（2 500m），如贵州毕节、四川凉山等地也有小面积的播种，播种期一般在 6 月至 7 月中下旬。

（3）秋荞 秋荞区主要包括淮河以南、长江中下游的江苏、浙江、安徽、江西及湖北和湖南的平原、丘陵水田，以及岭南以东的福建、广东、广西、云南等地的高原，由于地理环境不同，秋荞的具体播种时间存在较大差异。贵州中部地区以 8 月上中旬较好，较低海拔地区，可延迟至 9 月上旬。

156. 如何确定荞麦的播种深度？

荞麦对土壤的要求不严，适应性强，只要气候适宜，任何土壤，甚至不适于其他禾谷类作物生长的瘠薄地、新开垦的荒地均可种植及生长。

荞麦是双子叶植物，破土能力比一般禾本科粮食作物差，因此荞麦播种不宜过深。在墒情好时覆土适当浅些可使出苗迅速。但在条件较差的山旱地上，播种过浅时，因土壤干旱而不利于萌发出苗。具体播种深度应根据土壤墒情、土质、籽粒大小等而定。沙质土可适当深些，土质黏重或土壤湿度过大时，应适当浅些；大粒种子可深播，小粒种子应浅播。一般情况下，中等土壤播深3～5cm为宜。

157. 如何确定荞麦的播种量?

荞麦播种量是根据土壤肥力、品种、种子发芽率、播种方式和群体密度确定的，可根据发芽试验计算播种量。

$$播种量（kg/hm^2）=\frac{每公顷基本苗\times千粒重}{发芽率\times田间出苗率\times1\ 000\times1\ 000}$$

种子千粒重（g)、发芽率等，播种前通过种子检验求得，田间出苗率可根据常年出苗率的经验数字或通过试验求得。一般每0.5kg种子出苗1.5万株左右，荞麦每公顷播种量45～60kg为宜。

158. 荞麦播种前需要对种子进行怎样的处理?

荞麦大田生产一般不进行种子处理。但是进行种子处理可以提高发芽率、壮苗率，保障出苗和减少病虫害发生，一定程度可以增加产量。

(1) 晒种 晒种可以增强种子的生活力，提高种子发芽势和发芽率。播种前5～7d，选晴朗天气，于上午10时至下午4时在干燥向阳的地面或席上，将种子摊开呈薄层进行晾晒，经常翻动种子。晒种时间应根据气温的高低而定，气温较高时晒1d即可。通过晒种可有效提高种子活力，保证全苗。

(2) 选种 选种的目的是剔除空粒、瘪粒、破粒、草籽和杂质，比不选种的荞麦种子发芽率平均提高5%。选用大而饱满整齐一致的种子，出苗快，幼苗健壮。方法为水选、风选或人工选择。

(3) 浸种 温汤浸种有提高种子发芽率的作用。其方法是用

30～40℃的温水浸泡种子10～15min，既能保证植株良好生长，又能促使提早成熟。也可用5%～10%的草木灰浸出液或用0.4%左右的磷酸二氢钾溶液浸种，或用0.1%～0.5%硼酸、钼酸铵等含有微量元素硼、钼、锌、锰的化合物水溶液浸种，可促使全苗壮苗。

浸种后捞出种子再清洗一次，沥去多余的水分，将种子放在平底容器内，上盖湿润的毛巾或麻袋片，置于22～25℃的恒温箱中催芽。24h后，种子芽长可达1～2mm，此时即可播种。

（4）拌种 是防止地下害虫和荞麦病害极其有效的措施。一般用种子量0.05%～0.1%的40%五氯硝基苯粉拌种，可以防治疫病、凋萎病和灰腐病。也可用种子重量的0.5%甲拌磷乳油拌种，种子拌均匀后堆放3～4h再摊开晾干，可防治蝼蛄、蛴螬、金针虫等地下害虫。

159. 荞麦种植过程中如何施肥？

荞麦施肥应根据地力基础、产量指标、肥料种类、种植密度、品种和当地气候特点以及栽培技术水平等因素灵活掌握。一般以基肥为主，追肥为辅。

（1）基肥 一般以有机肥为主，也可配合施用无机肥。基肥是荞麦的主要肥料，一般占总施肥量的50%～60%。经腐熟无害化处理的粪尿肥一般施用量7 500kg/hm^{2}左右；腐熟的厩肥可撒施或集中施用，一般施用量1 500～4 500kg/hm^2；腐熟的堆肥用量多时，可结合耕地深翻入土，用量少时，可采用穴施或条施，以充分发挥肥效。

（2）种肥 是指在荞麦播种或移栽时将肥料施于种子附近或与种子混播供荞麦生长初期所需的肥料，一般应占总施肥量的10%左右。

（3）追肥 追肥要视荞麦田间长势长相而定，以无机肥为主，一般应占总施肥量的30%～40%。追肥主要包括苗肥和花肥，苗肥多以尿素为主，每公顷施用量为37.5～75kg；也可每公顷施尿素75kg作花肥，或者每公顷喷施过磷酸钙75～112.5kg、磷酸二氢钾4.5～7.5kg作花肥。

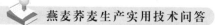

160. 荞麦倒伏一般发生在什么时期，发生的原因是什么？如何防止倒伏？

荞麦的倒伏主要发生在两个时期，一是苗期，4～5片真叶时；二是籽粒灌浆至成熟期。苗期倒伏大多因播种过浅，幼苗立地不稳，容易在风、雨时倒伏。这个时间的倒伏一般不会发生茎折断的现象。中后期倒伏一般是由于荞麦植株长势过旺，遇较大风雨等导致植株倾斜或茎折断，此时倒伏对产量的影响最大，甚至可能造成绝收。

荞麦的倒伏是导致荞麦产量低而不稳的主要原因之一。要防止荞麦倒伏，保证高产稳产，应注意以下几个技术要点。

（1）选用耐肥抗倒品种 根据当地自然条件选用半矮秆、茎粗、根系发达、叶片直立、耐肥的高产优质品种。

（2）加强水肥管理 荞麦对肥料反应十分敏感，良好的肥水管理有助于荞麦抗倒型植株的生长，一般亩施腐熟农家肥400～500kg、过磷酸钙15kg、尿素5kg、硫酸钾型复合肥15kg作底肥，直接施于条播沟。荞麦生长后期，应适时追肥，如始花期喷0.3%磷酸二氢钾液和0.1%钼酸铵液，使植株健壮生长，提高抗倒能力。

（3）合理密植 荞麦虽然耐密，但不能过密，合理的群体密度才能保证足够的通风透光，使茎叶发达，茎秆粗壮，抗倒伏能力强。适宜的种植密度能够减少荞麦倒伏的发生，一般苦荞麦以8万～12万株/亩，甜荞6万～8万株/亩为宜。

（4）叶面喷施处理 荞麦倒伏程度与荞麦自身高度、节数和节间长度有着很大的相关性，节间越长越容易受外界因素的影响而发生倒伏。相反，节数多而节间短的荞麦抗倒伏能力强。现蕾期叶面喷施 300～500mg/L 烯效唑可有效降低荞麦株高，防止倒伏，提高产量。

(5) 打叶防倒　对生长过旺的植株，在现蕾前后，要打去上部 2～3 个大叶片，只保留顶部生长点及心叶，一般情况下每 5d 左右打 1 次叶，打 3 次左右。开花后不能再打叶。采用打叶可改善通风透光，抑制营养生长，促进生殖生长，防倒伏。但打叶必须注意不能损伤顶部生长点及其心叶。打下来的叶子可以作为蔬菜食用，也可以制作荞麦叶茶，增加产值。

161. 在我国荞麦生产上为什么需要抗旱，有哪些主要的抗旱技术?

我国荞麦主要分布在干旱、半干旱的冷凉高原山区，以及少数民族聚集的边远地区，种植地多坡度大，土层浅薄，水土流失十分严重，加之缺乏人工灌溉等有效的水分调控措施，极易在荞麦种植区域形成季节性干旱。因此，提高旱地降水资源利用率和农田水分利用率是保证荞麦生产稳产的有效措施，在干旱、半干旱山区荞麦种植要取得高产稳产，关键之一是要选用合理的抗旱品种，加上配套的抗旱栽培技术。

(1) 选用抗旱性、生态适应性较强的荞麦品种　充分利用好当地抗旱、耐旱的骨干品种，确保稳产。

(2) 深松耕抗旱　播种前应采用深松耕，既利于蓄水保墒和防止土壤水分蒸发，又有利于荞麦生长，获得正常的水分供应，是水土流失地区和干旱、半干旱地区荞麦种植较理想的土壤耕作方法。

(3) 镇压抗旱　播种后，进行土壤镇压，可减少土壤大孔隙，增加毛细管孔隙，促进水分上升，还可以防止土壤水分蒸发，达到蓄水保墒的目的。

（4）中耕 在干旱地区中耕，可切断土壤毛细管空隙，减少水分蒸发，保蓄水分。

（5）灌溉抗旱 为了确保出苗整齐，有条件的地方可以在播种前进行灌溉。荞麦生长期间，遇干旱时也应及时灌水，以畦灌或沟灌为好。

（6）使用抗旱剂、保水剂 及时使用抗旱剂、保水剂，可增加土壤对天然降水的蓄积能力和保墒能力，减少蒸发，提高抗旱能力。还可以采用叶面喷施黄腐酸，增加绿叶面积、茎秆强度，提高叶绿素含量，达到保产、增产的方法。

162. 什么是大垄双行机械化栽培技术？有何优点？

荞麦大垄双行机械化栽培技术是内蒙古赤峰市农业科学研究所研发的一项轻简化、全程机械化栽培技术。它通过合理调整垄距，便于机械化操作及利于荞麦生长期通风透光；变单行种植为双行种植，保证合理密度，增强荞麦抗倒伏能力，从而从根本上改变了多年沿用的粗放种植管理模式。荞麦大垄双行栽培不同于传统的小垄（垄距 25～30cm）栽培，即栽培垄距 45～50cm，垄沟内进行荞麦双行播种，双行间距 8cm。“大垄双行”栽培主要进行机械播种，通过调整行距，设定一垄双行的栽培模式，在栽培上增加密度，宽行也使得荞麦种植利于机械操作，可中耕培土追肥增强荞麦抗倒能力，节省人工，在实际生产应用中明显增加荞麦产量。

荞麦大垄双行栽培技术特点：

（1）充分利用光热资源。双行种植，既保证荞麦种植的合理密度，又可减少田间郁蔽，改善作物群体通风透光条件，提高荞麦结实率和百粒重。增加机械铲趟次数可显著增温和抗旱节水。

（2）机械播种。以往的荞麦生产以人工播种为主，辅以马犁开沟人工条播，采用大垄双行播种机可完成整个播种作业，大大提高了生产效率。

（3）机械铲趟。以往的荞麦除草以人工锄地为主，采用大垄双行可实现机械铲趟、培土追肥，既可增强荞麦抗倒伏能力，同时也提高了劳动效率。

（4）大垄双行种植可有效抑制杂草生长。在荞麦生长中期也可以机械铲趟作业，有效去除杂草，减少人力投入，降低生产成本。

（5）大垄种植，利于机械化收割作业，既减少成熟期落粒损失，又节约人力成本，提高劳动效率。

163. 荞麦为什么要堆放后熟，影响荞麦后熟的因素有哪些？

由于荞麦属无限花序，种子成熟期高度不一致，若荞麦种子采用直接收获，则会有部分未成熟或半成熟籽粒，使得瘪粒数增加，影响籽粒的千粒重和产量。因此，人工收割时，特别是在凉爽干燥的气候环境下，可将荞麦收割后捆扎堆放后熟，1～2 周后再脱粒。其他情况（多雨、湿度大、湿热环境、农机收获等）下，不适合捆扎堆放，建议收割和脱粒同步进行，以免堆放发霉或干燥后容易落粒导致损失。

影响种子后熟的主要因素有温度、湿度、通风情况等。温度对种子后熟有促进或延缓作用，通常较高温度（不超过 45℃）有利于种子细胞内生理生化变化的进行，促进种子的后熟。反之，低温使生理生化进行得非常缓慢，阻碍种子的后熟作用。绝大多数情况下，收获干燥后 1 个月，后熟就完成。

164. 荞麦田间实际产量如何测定？

荞麦测产利于收获前弄清产量水平，为制定收获、仓储、运销、加工等计划提供依据。荞麦为无限花序作物，种子成熟度高度不一致。荞麦测产在荞麦种子接近70%成熟时进行，具体测产步骤包括：

(1) 目测全田各地段植株稀密、高矮和成熟度等情况，并根据全田目测结果选择有代表性的田块及地段进行取样测产。

(2) 在目标田块采取对角线或S型取样法，样点要距地边沿1m以上，个别样点若缺乏代表性应做适当调整，每个样点$10m^2$。

(3) 每个样品实收，晒干称重(kg)，通过下面公式折算即可。若是现场折算，根据测定的含水量进行折算，成熟晒干的按13%含水量计。

$$\underset{(kg/hm^2)}{\text{每公顷产量}}=\frac{\text{样点1}+\text{样点2}+\text{样点3}}{3}\times 1\,000$$

165. 荞麦如何与观光农业结合？

荞麦特别是普通荞麦由于花朵白色、粉红色、红色、深红色，十分美丽，如果结合分期播种，在南方可使长达8个月以上的整个无霜期都可观赏到荞麦花的美丽，在特色产业的观光农业上具有较大的发展潜力。荞麦观光农业在北美发展历史悠久。美国西弗吉尼亚州普雷斯顿（Preston County，West Virginia）地区的农民最初仅仅由于荞麦的生育期短及品质优良将荞麦作为动物饲料种植，随着该地区的荞麦种植面积不断增加，当地农民认识到荞麦的奇特魅力，不仅可作为农闲作物，荞麦食品也别具特色。于是从1938年10月当地农民举办第一届“普雷斯顿荞麦节”至今已举办了73届荞麦节。荞麦节不仅带动了普雷斯顿旅游业的发展，而且由此扩展到文物参观、娱乐、荞麦食品加工、荞麦手工业生产等系列观光农业活动。

在亚洲，以日本和韩国为主的荞麦特色观光农业也发展迅速。在日本，荞麦成为大众食品始于江户中期，荞麦面被认为是具有代表性的日本料理之一。以荞麦种植久负盛名的北海道幌加内町地区为例，该地区荞麦种植面积和产量均居日本首位，每年8月初将迎来白色荞麦花的盛开期，田地淹没花间，一望无际，如地毯一般。最佳观赏期将持续到8月中旬，9月中旬开始进入收割期。通过荞麦花观赏以及每年荞麦收获时节该地区举办的"Shintoku新荞麦面节"，吸引游客，带动当地观光农业及经济发展；日本福井每逢荞麦收获季节举办的"Imajo荞麦节"迄今为止也成功举办27届。韩国江原道也有类似的"荞麦花庆典"，如2013年韩国"平昌孝石文化节"，以荞麦为主打元素，通过荞麦花文化区、荞麦花小说区、荞麦花摄影区细分荞麦花田体验区域，集文化、教育、旅游为一体。

在我国，以荞麦为主题的特色观光农业在四川凉山、贵州毕节等地开始兴起。2013年首届"中国甘洛黑苦荞花节"在四川凉山州甘洛县举办，将黑苦荞与凉山州彝族文化相结合，吸引无数自驾游人。贵州省威宁自治县以"农业稳畜牧强乡、生态立乡、文化活乡、旅游兴乡""四乡"发展战略为总方针，有效利用农村流转土地，大力推进扶贫攻坚，建立了3 000亩荞麦花海观赏园，其中把彝家姑娘请进花海作为衬景拍摄无边荞海美景、骑上彝乡骏马来一次特殊的"走马观花"等项目，倍受游客青睐，并通过这些项目实现农业与旅游业的有效嫁接，促进产业增效，农民增收。荞麦与观光农业结合是未来我国荞麦产业发展的一条新思路。

因此，选育特色观赏类荞麦品种对于观光农业极为重要。目前，贵州师范大学荞麦产业技术研究中心陈庆富团队已培育出不同花色的长花期甜荞品系，如红花、白花、粉花系，以及赏叶类荞麦，如深红叶、金黄叶、绿叶等品系。

166. 为什么荞麦需要轮作，如何轮作？

由于荞麦种植施肥很少，连作荞麦不仅导致土壤肥力下降，而且还逐渐积累荞麦病菌和虫卵，导致荞麦病虫发生加重而减产。农谚“荞种三年没有棱”“荞子连续种，变成山羊胡”，就是说荞麦连作会导致严重减产。荞麦轮作已成为一种基本制度。荞麦对茬口选择不严格，但是最好的茬口作物是豆类及马铃薯、甘薯等养地作物。在这些茬口种植荞麦即使不施肥也能获得较高产量。其次是玉米、小麦、燕麦、糜黍、谷子、高粱等用地作物。其后茬种植荞麦，使用一定数量的有机肥，才能获得较高产量。较差的茬口作物是油菜、胡麻等。这类作物不仅土壤肥力消耗多，而且磷的消耗量较大，后茬种荞麦，需要特别注意施用磷肥。

具体的轮作方式，因当地作物种类和耕作制度有较大的不同。中国西南中低海拔地区（含贵州大部分地区）、长江流域、珠江流域，主要种植水稻、豆类、大麦、冬小麦、油菜等作物，荞麦主要作为秋季或冬季填闲作物种植。其主要轮作方式为：云南的玉米—荞麦（或杂豆）—荞麦，荞麦—早稻—大豆；江西的小麦—中、早稻—荞麦；四川的马铃薯—玉米—荞麦；贵州的玉米—荞麦；湖南的中稻—荞麦（马铃薯）—荞麦，水稻—荞麦—绿肥；浙江的小麦—芝麻—荞麦。在云贵高原较高海拔地区如贵州威宁、云南宁蒗、四川布拖等地，无霜期短，一年一熟，主要粮食作物为苦荞、燕麦、马铃薯。一般就是这三种作物轮流种植，即荞麦—燕麦—马铃薯，荞麦—马铃薯—燕麦，燕麦—荞麦等。

167. 为什么放蜂可增加甜荞产量?

甜荞是虫媒异花授粉作物，主要通过蜜蜂传粉，也可以通过风力传粉。甜荞花蜜非常丰富，是主要的蜜源作物之一。在荞麦地里放养一些蜂蜜，不仅可以帮助荞麦传粉，大大提高荞麦的结实率，还可以获得蜂蜜额外收入。一般在初花期，每 2～3 亩地，安放1箱蜜蜂，可使单株粒数增加30%～80%，产量增加80%～200%。无蜂源的地方可以采用人工辅助授粉。具体做法是：在盛花期选晴天上午9～11时和下午4～6时，用长20～25m的绳子，系一条宽20～30cm的麻布，两人拉着绳子的两头，沿地的两边从这头走到那头，往复2次，行走时让麻布接触荞麦的花部，使其摇曳抖动，每2～3d授粉1次，授粉2～3次即可明显提高产量。

特别需要注意的是，苦荞花小，自交可育，是典型的自花授粉作物，而且常常闭花受精，无须辅助授粉。

但是作为苦荞与金荞麦的种间杂种金苦荞，却具有白色、比苦荞大、比金荞麦小的花朵，且有蜜，因此放蜂对提高产量有益。

168. 荞麦无公害栽培有哪些技术要点？

根据无公害农产品生产的要求，荞麦进行无公害生产，主要栽培技术要点如下：

（1）选择基地　基地选择需要保证空气清洁，符合大气环境质量二级标准，生产区域内没有污染型企业及工业废弃物、城市垃圾堆放物等可能造成环境与农产品污染的污染源；灌溉水清洁和排灌方便，符合农田灌溉水质量标准，禁止使用工厂、医院等排放的废水；土壤符合土壤环境质量二级标准，未受重金属污染、质地良好、营养充足、保水力强、通气性好的土壤更适宜种植荞麦。

（2）轮作倒茬　种植荞麦要轮作倒茬，最好的前茬是豆类、马铃薯；其次是玉米、油菜、小麦等，复种荞麦以油菜、小麦茬最好。

（3）精细整地　荞麦地一般采取春、秋深耕为主，要求耕深达到20～25cm，播前结合施基肥浅耕后平整土地。复种荞麦应在前茬作物收获后及时浅耕灭茬，清除根茬，做到土壤疏松，平整细碎。

（4）重施基肥、配方施肥 正茬荞麦一般每公顷施优质腐熟农家肥 30 000kg 以上，尿素 120～150kg，过磷酸钙 450～562.5kg，硫酸钾 75～150kg 或草木灰 3 000～6 000kg；复种荞麦要求每公顷施优质腐熟农家肥 45 000kg 以上，尿素 120～150kg，过磷酸钙 450kg，硫酸钾 75～150kg 或草木灰 6 000～7 500kg。

（5）种子选择与处理 选择抗逆性强、适应性广、产量高、品质好的品种，播前晒种 1～2d，提高发芽率。

（6）规范种植 要求做到适期播种、适深播种、合理密植，提高播种质量。

（7）田间管理 要求做到破除板结、中耕除草，以利于出苗和形成壮苗，还应在生育后期防止脱肥、防早衰、保丰收。

（8）病虫害防治 主要采取中耕除草、人工捉虫和药剂喷防相结合的防控措施。

（9）适时收获 苦荞麦的成熟期很不一致，当全株有 70% 以上籽粒成熟时，为适宜的收获期。

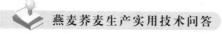

169. 荞麦绿色食品要求符合哪些标准？

绿色食品是遵循可持续发展原则，按照特定生产方式生产，经专门机构认证，许可使用绿色食品标志的无污染的安全、优质、营养类食品。绿色食品分为 A 级和 AA 级。AA 级标准，在生产、加工过程中不允许使用任何化学合成物质；A 级允许限量使用低毒低残留的化学合成物质。

荞麦绿色食品的生产必须建立从“土地到餐桌”的全程质量控制体系，树立“五有”理念，环境有监测、操作有规程、生产有记录、产品有检测、包装有标示。具体生产操作遵循以下标准执行。

GB/T 3095—2012　环境空气质量标准

NY/T 391—2013　绿色食品　产地环境条件

GB 15618—1995　土壤环境质量标准

NY/T 395—2012　农田土壤环境质量监测技术规范

NY/T 396—2000　农用水源环境质量监测技术规范

GB/T 5084—2005　农田灌溉水质标准

GB 4404.3—2010　粮食作物种子　荞麦

NY/T 525—2012　有机肥料

NY/T 1535—2007　肥料合理使用准则　微生物肥料

NY/T 394—2013　绿色食品　肥料使用准则

NY/T 1118—2006　测土配方施肥技术规范

NY/T 496—2010　肥料合理使用准则　通则

GB 2763—2014　食品中农药最大残留限量

NY/T 393—2013　绿色食品　农药使用准则

NY/T 1056—2006　绿色食品　贮藏运输准则

170. 有机荞麦与绿色和无公害荞麦的区别是什么?

有机荞麦是根据有机农业的生产原则和有机农产品生产、加工标准，生产出来的经过有机农产品认证机构认证、颁发证书的荞麦产品。

与其他非有机荞麦产品的区别主要有 3 个方面：

(1) 有机荞麦在生产加工过程中绝对禁止使用农药、化肥、植物生长调节剂等人工合成物质，并且不允许使用基因工程技术。其他则允许有限使用这些物质，并且不禁止使用基因工程技术。如绿色食品对基因工程技术和辐射技术的使用就未作规定。

(2) 有机食品在土地生产转型方面有严格规定。考虑到某些物质在环境中会残留相当长一段时间，土地从生产其他食品到生产有机食品需要2～3年的转换期，而生产绿色食品和无公害食品则没有转换期的要求。

（3）有机农产品在数量上有严格控制，要求定地块、定产量，生产其他农产品没有如此严格的要求。

（4）有机荞麦是通过国际认证，具有特供性；绿色食品是通过农业农村部认证，具有相对广泛的区域性；无公害食品是通过省级认证，目标是大众化的农产品。

171. 如何栽培荞麦小菜？

荞麦叶子具高含量的黄酮类物质，有较强的保健功效。荞麦生长迅速，幼苗植株幼嫩，营养丰富，是非常优异的速生蔬菜品种。近年来市场上已开始出现荞麦小菜，其中，以苦荞小菜的商品性和保健功能较好，可以大力发展。

甜荞和苦荞都可以用来生产荞麦小菜，按照常规蔬菜的栽培技术进行即可。首先要选择平整的较肥沃的土地，再按照本书前述栽培技术施足底肥，进行种子处理、播种、中耕、采收。栽培荞麦小菜从播种到上市只需1个月左右的时间。

172. 如何生产荞麦芽菜？

荞麦和豆科作物一样可以用来生产芽菜，其生产方法与豆芽菜的生产方法基本相同。

（1）品种选择 一般选用发芽率在95%以上，纯净度高、籽粒饱满、无污染的高黄酮含量荞麦品种。

（2）浸种 浸种前晒种1～2d，采用水选法，剔除成熟度差的、破碎的种子和杂质。用20～22℃水淘洗，再用种子体积2～3倍的22～30℃水浸泡24～36h。

（3）催芽 浸泡过的种子装入网纱袋中，每袋1kg，平放在平底容器中，上面盖湿布，平底容器置于25℃恒温下进行催芽。催芽期，每天用21～25℃温水冲洗1次，1d后种子可露白。

(4) 栽培床的准备 在消毒后冲洗干净的育苗盘底铺上一层吸水纸，淋湿，再准备好同样大小的吸水纸作盖种用。

(5) 播种 将已发芽的荞麦种均匀地播在湿润的吸水纸上，一般每个蔬菜育苗盘播种150～200g，播后种面上平盖一层吸水纸并淋湿。

(6) 培育 将播后种苗盘整齐叠放在一起，用黑色塑料膜或遮阳网覆盖，置于23～26℃温度下，3d后胚芽直立、芽高2～3cm时揭去盖住的吸水纸，上栽培架让其见光生长，光照不宜过强。保持空气相对湿度80%左右，以促使种芽生长，种壳脱落，子叶尽快展开。每天浇水一次，见光均匀，防止荞麦芽向一侧倾斜生长。温度保持在20～25℃。

(7) 采收 播后8～10d可以采收，当芽苗子叶绿色，下胚轴红色、苗高12～15cm时采收。质量好的荞麦芽菜整齐，子叶平展，充分肥大，不倒伏，不“烂脖”。可以整盘活体销售，也可从根部剪割，包装上市。

家庭小规模生产荞麦芽菜，可使用新鲜甜荞米或苦荞米（米苦荞米）为材料，在铺有湿润吸水纸的瓷盘中进行。由于没有果壳，发芽后可不必等待果壳脱落，随时采收。

下面介绍一种大棚规模化荞麦芽菜生产方法：

(1) 生产场地及设备 场地：大棚。栽培架：一般长为150cm，宽50cm，高200cm，层间距40～50cm。育苗盘：外径长60cm，宽24cm，高4～6cm的平底有孔黑色塑料盘。每次用完须清洗干净，并用0.1%高锰酸钾浸泡消毒2h。其他：喷水壶若干，吸水纸、浸种盆或水池。

(2) 品种选择 在荞麦芽苗菜生产中，一般选择发芽率高、品质好的优良品种等。

(3) 浸种、播种

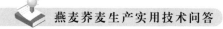

①浸种。选用当年新鲜的荞麦种子，过筛去杂后，晒种1～2d（夏天只能在阳光下晒2～3h），然后用清水浸洗种子，除去浮在水面的瘪籽、残籽，淘洗2～3遍，再用清水浸种，夏天浸种10～16h，冬天浸种20～24h。浸泡好后清洗干净，沥干水。

②播种。育苗盘内铺一层吸水纸，每盘播种150～200g干种子，然后10～20个盘摞叠一起，最底盘是垫双层湿报纸的空盘，最上一盘也是垫有湿报纸的空盘。保持棚内温度22～26℃催芽3d左右，当苗长1～2cm时，分别上架。催芽期间，每日倒盘一次，同时喷雾水一次，保持种子及基质的湿润。

(4) 管理

①温度。荞麦生长适宜温度为15～35℃，因此6～8月高温季节要进行遮阳降温，或逆通风降温（即白天关门窗，晚上开门大通风，有条件的可制冷降温）。冬春期间生产荞麦芽苗菜，为了保温最好采用大棚加盖二层膜、草帘等保温方法。

②光照。要求较强的光照，在保证湿度的前提下，适当多见光。夏季阳光太强烈，应用遮阳网遮阳，阴雨天及晴天的早晨和傍晚揭去遮阳网。

③湿度。要求大棚内湿度在75%～85%之间，湿度低于75%，生长缓慢，长得不整齐，不脱种子壳，湿度超过85%容易烂根、烂苗。

④上架后的管理。苗高2cm时放在弱光区1d，让它适应光照，第二天开始见强光。每天喷2～3次水，阴雨天少喷水，干燥天多喷水。

(5) 采收 当芽苗长到10～15cm，子叶绿色，平展，肥大，下胚轴红色，幼苗整齐不倒伏，不烂根，这时就要及时采割或整盘出售。

173. 如何快速繁殖金荞麦？如何生产金荞尖菜？

金荞麦是多年生荞麦，再生能力特别强，黄酮含量特别高，很值得开发成新兴蔬菜。要发展成蔬菜，就需要有快速繁殖的方法。金荞麦是虫媒传粉的异花授粉作物，其遗传性是杂合的，所结种子不能很好地保持亲本的特性。因此一般不用种子进行繁殖。最好的繁殖方法是采用扦插生根的方法快速繁殖金荞麦。

金荞麦快速繁殖的基本步骤为：选取金荞麦植株的茎段和枝条，剪取10～20cm长、含2～3个节和腋芽的茎段，将其基部浸泡在80mg/L吲哚丁酸溶液中过夜，次日扦插于土中，插条扦插深度为茎段长的2/3，确保一个腋芽外露，保持湿润，在20～25℃下数天后，插条开始生根，待插条生根较多时，移栽到大田。

金荞对土地要求不严格，非常容易栽培。金荞尖菜的生产步骤如下：选择无污染地块，采用上述方法进行扦插生根育苗。生根后的插条，按1米间距成行移栽，浇定根水，数日后即可成活生长。当植株高50cm时，就可以开始采摘带2个展开叶的茎尖，作为金荞尖菜上市。

174. 如何用金苦荞生产尖菜？

金苦荞的叶和种子黄酮含量较高，常常可达3%～4%，是比常规苦荞和甜荞更适合生产保健型尖菜。可以用其种子像常规荞麦栽培一样播种到大田，每亩最好施用100kg有机肥和20kg复合肥-磷肥（1∶1）为底肥，行播箱式栽培为好，便于采摘和管理。出苗后约1个月，就可不断采摘其嫩尖部分作为蔬菜。在后期生长中，如叶片有少许发黄，表现出缺肥现象时，可每亩用复合肥（10kg）或尿素（5kg）追肥。由于其强大的再生力，栽培一次，可全年多次采摘，提供源源不断的尖菜上市。

十四、荞麦病虫草害防治

175. 荞麦的病害主要有哪些？

荞麦病害可分为叶部病害和根茎部病害两大类。叶部病害主要有白粉病、霜霉病、轮纹病、褐斑病、黑斑病、白霉病、病毒病、斑枯病、细菌性叶斑病、锈病等；根茎部病害主要有根结线虫病、立枯病和根腐病等。不同荞麦产区，由于气候、自然环境和栽培制度不同，荞麦主要病害的种类和发生时期及危害程度也不尽相同。

176. 荞麦白粉病识别症状及如何防治？

症状识别：荞麦白粉病主要为害荞麦的叶片，以中下部叶片最易感病。发病初期在叶面或叶背出现白色近圆形的星状小粉点，随着病情发展，向四周扩展成边缘不明显的连片白粉，随后病斑不断扩大，表面生出白粉斑，最后该处长出无数黑点。严重时，整张叶片布满白粉，不但降低植株的光合效能，同时病叶逐渐卷缩、变脆，枯萎而脱落，植株提早萎黄干枯、早衰死亡。

防治方法：①农业防控。选用抗荞麦白粉病的品种；轮作倒茬，与非寄主禾本科作物轮作倒茬 2～3 年，以减少病原；荞麦收获后，及时清除荞麦田病残体，并集中烧毁以减少次年的初侵染源，同时对荞麦田进行深耕晒垡，深埋土壤表面的病菌，降低病原菌群体数量，减少病菌侵染；合理密植，改善田间通风透光条件，降低田间湿度，减轻病害的发生；及时排除田间积水，减少病菌传播和发病机会；加强肥水管理，根据荞麦的生长需求平衡施肥，营养生长期增施氮肥，但避免氮肥过多，生殖生长期（现花蕾后）适当增施磷钾肥，发病期少施或不施氮肥，使植株生长健壮，多施充分腐熟的有机肥，以增强植株的抗病性。②药剂防治。越冬期：用3～5波美度的石硫合剂稀释液喷于叶片；地面喷硫黄粉，消灭越冬菌源。生长期：在发病前，可喷保护剂，经常使用的保护剂有50%硫悬浮剂500～800倍液、45%石硫合剂结晶300倍液、50%退菌特可湿性粉剂800倍液、75%百菌清可湿性粉剂500倍液。发病后，宜喷内吸剂，间隔5～20d施药1次，连施2～5次，内吸剂有30%己唑醇1 000倍液、75%甲基硫菌灵1 000倍液。盛发时，可喷15%粉锈宁1 000倍液，或2%抗霉菌素水剂200倍液，或10%多抗霉素（宝丽安）1 000～1 500倍液。

177. 荞麦霜霉病识别症状及如何防治?

症状识别：荞麦霜霉病主要发生在荞麦的叶片上，感病叶片正面初期可见到不规则的失绿病斑，其边缘界限不明显，扩展后由于受叶脉限制，呈现多角形病斑，病斑的背面产生淡灰白色霜状霉层，即病原菌的孢囊梗与孢子囊。霜霉病一般从荞麦植株下部叶片开始发病，然后向上漫延，受害严重时，叶片卷曲枯黄，最后枯死、脱落。

防治方法：①农业防控。收获后，及时清除田间的病残植株，进行深翻土地，减少次年的侵染源；进行轮作倒茬，减少病原；加强田间苗期管理，促进植株生长健壮，提高自身的抗病能力。②药剂防治。发病前预防性防治可选用大生M-45可湿性粉剂800倍液（亩用量125g），或40%达科宁悬浮剂600倍液（亩用量165g），或80%山德生可湿性粉600～800倍液（亩用量150～180g），或77%可杀得可湿性粉剂1 000倍液（亩用量100g），或64%杀毒矾超微可湿性粉剂1 000倍液（亩用量100g）等喷雾。也可在发病初期，选用72%克露可湿性粉剂1 000倍液（亩用量100g），或69%安克锰锌可湿性粉剂1 000倍液（亩用量100g），或52.5%抑快净水分散粒剂2 000～3 000

倍液（亩用量 40～50g），或 58%雷多米尔·锰锌可湿性粉剂 1 000 倍液（亩用量 100g）等喷雾。

178. 荞麦褐斑病识别症状及如何防治?

症状识别：荞麦褐斑病发生在荞麦叶片上，最初在荞麦叶面产生圆形或椭圆形病斑，直径 2～5mm，微具轮纹，有明显边缘，呈深褐色，病斑中央灰绿色至褐色，严重时病斑连成一片呈不规则形。荞麦受害后，随植株生长而逐渐加重，病叶渐渐变褐色枯死而脱落。

防治方法：①农业防控。清除田间残枝落叶和带病菌的植株，减少越冬菌源，并及时深耕，将带病菌的表土翻入深处；实行轮作倒茬，减少植株发病率；增施磷、钾肥，提高植株抗病能力；加强苗期管理，促进幼苗发育健壮，增强其抗病能力。②化学防治。播种前，用种子量 0.5%的 2%戊唑醇（立克秀）干粉种衣剂进行拌种。也可在发病初期，选用 36%甲基硫菌灵悬浮剂 600 倍液、50%多菌灵可湿性粉剂 800 倍液、50%腐霉利（速克灵）可湿性粉剂 1 000 倍液、75%代森锰锌可湿性粉剂 500～800 倍液交替喷雾防治。

179. 荞麦轮纹病识别症状及如何防治?

症状识别：荞麦轮纹病主要为害荞麦叶片，初在叶片上产生中间较暗、淡褐色病斑，病斑呈近圆形、椭圆形或圆锥形，直径 2～10mm，同心轮纹比较明显，病斑中间有黑褐色小点，即病菌的分生孢子器。后期病斑中心变成灰白色，易破裂或穿孔。受害严重时，常造成叶片早期脱落。荞麦轮纹病是荞麦主要病害之一。

防治方法：①农业防控。选用抗荞麦轮纹病品种；清洁田间，收获后将病残体及其枝叶收集烧毁，以减少越冬菌源，同时对荞麦田进行深耕晒垡，深埋土壤表面的病菌，降低病原菌群体数量，减少病菌侵染；加强田间管理，采取早中耕、早疏苗、破除土壤板结等有利于植株健康生长的措施，增强植株的抗病能力；温汤浸种，先将种子在冷水中预浸数小时，再在50℃温水中浸泡5min，捞出后晾干播种。②药剂防治。播种前，选用种子量0.4%的50%三福美（福美双·福美锌·福美甲胂）可湿性粉剂或40%五氯硝基苯（土粒散）粉剂进行拌种。也可在发病初期，喷洒0.50%的波尔多液或65%代森锌600倍液及40%多菌灵胶悬剂500～800倍液，防止病害蔓延。

180. 荞麦病毒病识别症状及如何防治？

症状识别：荞麦病毒病为蚜虫传播病害，因此在空气干燥、蚜虫发生严重的年份容易发生。病毒病发生时，荞麦植株明显比正常植株矮化，叶片皱缩、卷曲，叶缘不整齐，叶片凹凸不平，叶面积缩小近1/3。

防治方法：①农业防控。选用抗荞麦病毒病品种；增施磷、钾肥或叶面喷施复合肥料，培育壮苗，提高植株抗病性，缓解和减轻病毒的为害；清除、深埋病株和杂草，减轻为害；及时防治蚜虫，切断病毒的传播途径。②化学防治。在发病前，用50%吡蚜酮水分散粒剂5 000倍液或70%艾美乐水分散粒剂杀灭病毒传媒蚜虫。发病初期，喷施0.1%～0.3%的硫酸锌液，或用病毒灵300倍液喷施叶面，以防止病毒病在相邻叶片上和植株间的摩擦感染。

181. 荞麦细菌性叶斑病识别症状及如何防治？

症状识别：荞麦细菌性叶斑病主要为害叶片，初呈黄绿色不规则水浸状小斑点，扩大后变为红褐色或深褐色至铁锈色，病斑膜质，大小不等。干燥时，病斑多呈红褐色。该病扩展速度很快，严重时叶片大部分脱落。细菌性叶斑病病健交界处明显，但不隆起。

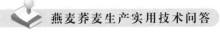

防治方法：①农业防控。与禾本科作物实行1～2年轮作；收获后及时清除病残体或及时深翻；平整土地，北方宜采用垄作，南方采用高厢深沟栽植，雨后及时排水，防止积水，避免大水漫灌。②化学防治。种子消毒，播前用种子量0.3%的50%琥胶肥酸铜可湿性粉剂或50%敌克松可湿性粉剂拌种；发病初期喷洒50%琥胶肥酸铜可湿性粉剂500倍液，或14%络氨铜水剂300倍液，或77%可杀得可湿性微粒粉剂400～500倍液，或72%农用硫酸链霉素可溶性粉剂4 000倍液，隔7～10d 1次，连续防治2～3次。

182. 荞麦根结线虫病识别症状及如何防治？

症状识别：荞麦根结线虫病主要发生在根部的侧根或须根上，须根或侧根染病后产生瘤状大小不等的根结。瘤状根结初期白色光滑，后转呈黄褐色至黑褐色，表面粗糙甚至龟裂，严重时腐烂。病株地上部前期症状不明显，随着根部受害加重，表现为叶片发黄，似缺水缺肥状，植株矮小，影响生长，发病严重时遇高温表现萎蔫乃至全田枯死。目前，西南地区发生较为严重。

防治方法：①农业防控。根结线虫多分布在3～10cm的土层中，深翻土地，可有效杀灭线虫；及时清除荞麦地根结线虫病残体，并集中烧毁；与其他科粮食作物轮作，减少病原。②化学防治。理墒整地时，每亩用10%噻唑磷（灭线1号）2～3kg或1%阿维菌素颗粒剂（利根砂）3～5kg施入土壤；发病初期或发现中心病株，用1.8%阿维菌素乳油1 000倍液灌根。

183. 荞麦锈病识别症状及如何防治？

症状识别：荞麦锈病主要为害叶片，病叶先出现许多分散的褪绿小斑，后稍微隆起呈黄褐色疱斑（夏孢子堆阶段），疱斑表皮破裂散出锈褐色粉末，即病菌的夏孢子，致使叶片早枯脱落。夏孢子堆成熟后或在生长晚期，会在夏孢子堆原处或近处长出黑褐色的冬孢子堆，上面生出深褐色的冬孢子。

防治方法：①农业防控。实行轮作；清洁田园，采收后立即清除并销毁病残体，减少菌源；采取一切可行措施降低田间湿度；适当增施磷、钾肥，提高植株抗性。②化学防治。初发病时，喷洒 1∶1∶100 倍波尔多液，或 25%粉锈宁乳油 2 000～2 500 倍液，或 50%代森锰锌可湿性粉剂 500 倍液，或 20%萎锈灵乳油 400 倍液，均有预防及抑制效果。

184. 荞麦立枯病识别症状及如何防治？

症状识别：荞麦立枯病俗称腰折病，是荞麦苗期主要病害。一般在间苗后 15d 左右发生，有时也在种子萌发出土时就发病，常造成烂种、烂芽、缺苗断垄。受害的种芽变黄褐色腐烂。荞麦幼苗容易感染此病，病苗茎基部出现赤褐色病斑，逐渐扩大凹陷，严重时扩展到茎的四周，导致幼苗萎蔫枯死。子叶受害后出现不规则的黄褐色病斑，而后病部破裂脱落穿孔，边缘残缺。

防治方法：①农业防治。选用抗病品种；施足充分腐熟的农家肥，增施磷、钾肥，培育健苗，提高植株抗病力；实行 3 年以上轮作，减少土中菌量；适时播种，降低发病率；合理密植，每亩保苗密度在 7.5 万～8.5 万株，促苗壮长，增强抗病能力；及时清除病残叶，减少病菌侵染。②化学防治。播种前，用种子量 0.4%的 50%三福美可湿性粉剂进行拌种。也可在苗期或发病初期，选用 65%代森锌可湿性粉剂 500～600 倍液、80%乙蒜素乳油 3 000 倍液、95%噁霉灵（立枯灵）水剂 3 500 倍液、20%甲基立枯磷乳油 600～1 000 倍液、5%井冈霉素（有效霉素）水剂 1 500 倍液、3%多抗霉素（科生霉素）水剂 600～800 倍液、

25%嘧菌酯（阿米西达）悬浮剂1 500倍液或50%福美双·甲霜灵·稻瘟净（立枯净）可湿性粉剂800倍液交替喷淋，每隔7d喷淋1次，连续喷淋2～3次。

185. 荞麦斑枯病识别症状及如何防治？

症状识别：荞麦斑枯病主要侵害叶片。叶片病斑为褐色圆形或卵圆形，中间灰白色，边缘有淡黄色晕圈，轮纹不明显，中间褪色部分生有小黑粒点（分生孢子器）。

防治方法：①农业防控。耕翻晒田，减少菌源；选用抗病品种；施足充分腐熟的农家肥，少施氮肥，增施磷、钾肥，增强植株抗病能力；与非禾本科作物实行3年以上轮作，减少病原；合理密植，提高田间通透性，降低发病率；及时排水，降低田间湿度，减轻受害；及时拔除、烧毁病株，减少病源。②化学防治。播种前，用种子量0.3%的40%福美双·拌种灵（拌种双）可湿性粉剂进行拌种。在苗期或发病初期，选用30%碱式硫酸铜（绿得保）悬浮剂400倍液、30%氧氯化铜（靠山）悬浮剂800倍液、70%甲基硫菌灵悬浮剂800倍液、50%苯菌灵（苯莱特）可湿性粉剂1 500倍液或64%噁霜·锰锌（杀毒矾）可湿性粉剂400倍液交替喷雾，隔7～10d喷1次，连喷2～3次。

186. 荞麦白霉病识别症状及如何防治？

症状识别：主要侵害叶片。发病初期叶面产生浅绿色或黄色无明显边缘的斑驳，病斑扩展时受叶脉限制。叶背面着生白色霉状物，为分生孢子梗和分生孢子。

防治方法：①农业防控。深翻灭茬、晒田，减少菌源；施用充分腐熟的农家肥，增施磷、钾肥，提高植株抗病力；与非禾本科作物实行3年以上轮作，减少菌量；适时播种，合理密植，培育壮苗，提高植株抗病力；及时拔除、烧毁病残体，减少病源；

及时排水，降低田间湿度，减轻受害；及时消灭地下害虫，避免病菌从伤口侵入。②药剂防治。播种前，用80%乙蒜素（抗菌素402）乳油5 000倍液浸种24h，捞出晾干播种，预防病害。在苗期或发病初期，用65%代森锌可湿性粉剂500～600倍液、40%多·硫（灭病威）悬浮剂600倍液、50%腐霉利可湿性粉剂1 500～2 000倍液、70%甲基硫菌灵可湿性粉剂1 000倍液或75%百菌清（霉必清）可湿性粉剂1 000倍液交替喷雾，隔7～10d喷1次，连喷2～3次。

187. 荞麦地下害虫有哪些，如何防治？

荞麦地下害虫主要有地老虎、金针虫、蛴螬、蝼蛄等。受害后轻者萎蔫，生长迟缓，重的干枯而死，造成缺苗断垄，以致减产。有的种类以幼虫为害，有的种类成虫、幼（若）虫均可为害。

防治方法：①农业防控。轮作倒茬，清洁田园杂草，深翻土地，适时中耕，使用充分腐熟的有机肥；人工捕杀幼虫，即在荞麦苗期，于被害的荞麦植株周围，用手轻拂苗周围的表土，即可找到潜伏的幼虫；诱杀成虫，5月初至9月底，用黑光灯、糖醋酒液（白糖6份，米醋3份，白酒1份，水2份，加少量的敌百虫）诱杀，天黑前放在地上，天明后收回，杀死成虫。②药剂防治。播种前用5%锐劲特悬浮种衣剂进行药剂拌种，可有效控制苗期地下害虫的发生为害；或用2.5%敌百虫粉，每公顷22.5kg与337.5kg细土拌匀，撒施在地上毒杀。

188. 荞麦西伯利亚龟象甲如何防治？

分布区域：据调查，西伯利亚龟象甲主要分布在内蒙古东部荞麦产区，河北北部、山西北部也有零星分布。由于该害虫属于检疫对象，因此加强疫区的控制，防止扩散蔓延十分紧迫。

危害时期：西伯利亚龟象甲通常 5 月下旬开始羽化，6 月中下旬达到为害高峰期，成虫取食刚出土的荞麦幼苗子叶，卵孵化后，幼虫钻蛀到荞麦茎秆为害，破坏输导组织，使作物生长变缓、受阻，致使荞麦幼苗枯死。

防治方法：①农业防控。在荞麦西伯利亚龟象甲发生严重的区域，深翻土地，实施轮作倒茬，减少虫口基数；在受害重的田块四周挖封锁沟，沟宽、沟深 40cm，内放新鲜或腐败的杂草诱集成虫集中杀死；适时调整播期，避开其为害高峰期；选用抗虫品种；天敌调控，主要是利用田间自然分布的天敌昆虫、捕食螨等把害虫控制在经济阈值以内，达到自然平衡。②药剂防治。目前主要使用种衣剂拌种和苗期喷药等措施来控制西伯利亚龟象甲的为害，常用的种衣剂有噻虫晴、噻虫胺、吡虫啉、辛硫磷等，喷雾药剂有高效氯氰菊酯、氟氯氰菊酯、阿维菌素等。使用剂量要严格按照说明书规定的剂量，杜绝超量使用农药。

189. 荞麦钩刺蛾如何识别与防治?

识别：成虫，体长 10～13mm，翅展 30～36mm，头及胸腹部和前翅均淡黄色，肾形纹明显，顶角不呈钩状突出，从顶角向后有一条黄褐斜线，前翅从翅基到翅中部共有 3 条向外弯曲的“>”形黄褐线，后翅黄白色，中足胫节有 1 对距，后足胫节有 2 对距。卵：椭圆形，扁平，表面颗粒状。幼虫：初孵化幼虫体长 1mm，黑色，末期 2.5～3.5mm，2 龄末期 5.5～6.0mm，头黄褐色，体黑色，3 龄末期 13.5～14.0mm，前胸为黑色方括形，其中有一黄白色“T”字形纹，4 龄末期体长 18.5～19.0mm，前胸由黑色变为黄褐色，“T”字形纹消失，背面有淡褐色宽带，腹足 4 对，尾足 1 对，有少数趾钩，气门线两侧有 8～10 个褐色圆点。老熟幼虫体长 25～27mm，体背暗褐色。蛹：体长约 11mm，红褐色，梭形，两端尖，臀棘上有 4 根刺。

防治方法：①农业防控。预测预报，利用荞麦钩翅蛾的趋光性，在荞麦集中成片地区架设黑光灯诱集成虫，通过蛾聚集数量和雌蛾抱卵量及卵发育情况，指导防治工作，或在成虫发生期直接用灯光诱杀成虫；秋收后及时深耕，消灭越冬蛹。②药剂防治。在荞麦钩刺蛾卵孵化至低龄幼虫高峰期，选用 8 000IU/mg 苏云金杆菌可湿性粉剂 800 倍液、25g/L 多杀菌素悬浮剂 2 000 倍液、150g/L 茚虫威悬浮剂 4 000 倍液、5%甲氨基阿维菌素水分散粒剂 5 000 倍液或 20%氯虫苯甲酰胺悬浮剂 3 000 倍液叶面喷雾防治，每 7d 1 次，喷 1～2 次。注意交替用药，避免抗药性的产生。

190. 荞麦黏虫如何识别与防治？

识别：成虫体长 17～20mm，翅展 36～45mm，呈淡黄褐至淡灰褐色。触角丝状，前翅环形纹圆形，中室下角处有一小白点，后翅正面呈暗褐色，反面呈淡褐色，缘毛呈白色。卵半球形，直径 0.5mm，白至乳黄色。幼虫 6 龄，体长 35mm 左右，体色变化很大，密度小时，4 龄以上幼虫多呈淡黄褐色至黄绿色，密度大时，多为灰黑色至黑色。头黄褐色至红褐色，有暗色网纹，沿蜕裂线有黑褐色纵纹，似“八”字形，有 5 条明显背线。蛹长 20mm，第 5～7 腹节背面近前缘处有横脊状隆起，上具刻点，横列成行，腹末有 3 对尾刺。

防治方法：①最佳防治时期。黏虫防治的关键时期应在幼虫 3 龄前，因为黏虫幼虫的虫龄越大，其抗药性越强。防治时间一般选择在早、晚幼虫取食的高发时段。②农业防控。预测预报，通过诱蛾器、黑光灯等器械，可以及早发现成虫，从而预测黏虫的发生；诱杀成虫，从黏虫成虫羽化初期开始，用糖醋液或黑光灯或枯草把大面积诱杀成虫，减少着卵量，有效降低虫口密度；利用天敌捕食，瓢虫、食蚜虻和草蛉等可捕食低龄幼虫。③药剂

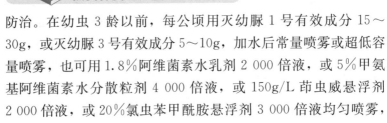

防治。在幼虫 3 龄以前，每公顷用灭幼脲 1 号有效成分 15～30g，或灭幼脲 3 号有效成分 5～10g，加水后常量喷雾或超低容量喷雾，也可用 1.8%阿维菌素水乳剂 2 000 倍液，或 5%甲氨基阿维菌素水分散粒剂 4 000 倍液，或 150g/L 茚虫威悬浮剂 2 000 倍液，或 20%氯虫苯甲酰胺悬浮剂 3 000 倍液均匀喷雾，注意交替用药。

191. 荞麦甜菜夜蛾如何识别与防治？

识别：成虫昼伏夜出，有强趋光性和弱趋化性，体长 10～14mm，翅展 25～34mm，体灰褐色。前翅中央近前缘外方有肾形斑 1 个，内方有圆形斑 1 个，后翅银白色。卵：馒头形，白色，表面有放射状的隆起线。幼虫体长约 22mm，体色变化很大，有绿色、暗绿色、黄褐色、黑褐色等，腹部体侧气门下线为明显的黄白色纵带，有时呈粉红色，带的末端直达腹部末端，不弯到臀足上去。大龄幼虫有假死性，老熟幼虫入土吐丝化蛹。蛹：体长 10mm 左右，黄褐色。

防治方法：①最佳防治时期。甜菜夜蛾属杂食性害虫，2 龄以前抗药性最弱，是用药防治的最佳时期。②农业防控。预测预报，通过诱蛾器、黑光灯等器械，可以及早发现成虫，从而预测害虫的发生。同时利用黑光灯、频振式杀虫灯进行诱杀，每公顷设灯 3 盏。还可以通过草把、糖醋液诱集成虫，减少着卵量，有效降低虫口密度。春耕或秋耕，深翻土壤，可消灭部分越冬蛹；春季 3～4 月清除杂草，消灭杂草上的初龄幼虫，结合田间管理，人工采卵，摘除初孵幼虫群集的叶片，集中处理；保护利用天敌，前期节制使用广谱性农药，以保护荞麦田天敌。③药剂防治。防治适期是幼虫 3 龄以前。可使用 40%农地乐乳油 1 500 倍液、3%苦参碱水剂 100 倍液、15%安达悬浮剂 3 000 倍液、20%氯虫苯甲酰胺悬浮剂 4 000 倍液、1.5%菜喜悬浮剂 800～

1 000 倍液、10%除尽（溴虫腈）乳油 3 000 倍液、1.8%阿维菌素乳油 4 000 倍液、25%灭幼脲 3 号悬浮剂 1 800 倍液、20%杀蛉脲（氟幼灵）悬浮剂 8 000 倍液、5%高效氯氰菊酯乳油 1 500 倍液、10.8%凯撒（四氟菊酯）乳油 2 000 倍液喷雾防治，注意把药剂喷到叶子的反面及下部叶片。

192. 荞麦蚜虫防治措施有哪些?

最佳防治时期：蚜虫为刺吸式口器的害虫，常群集于叶背、茎秆、心叶、花序上，刺吸汁液，使叶片皱缩、卷曲、畸形，严重时引起枝叶枯萎甚至整株死亡。因此，当荞麦田出现有蚜虫的“中心株”时，就应及时防治，以免蚜虫种群进一步扩散，增加防治难度。也就是说蚜虫一窝一窝的没有分散开时是荞麦蚜虫的最佳防治时期。

防治措施：①农业防控。荞麦生长期间，清除田间及周围杂草阻断食料，结合田间管理，拔除有蚜中心株，防治有翅蚜的迁飞和传播繁殖为害；利用蚜虫对黄色有很强的趋性，利用黄板诱杀迁飞的有翅蚜；利用蚜虫天敌的自然控制作用。②药剂防治。防治蚜虫的高效低毒低残留的化学农药很多，可及时喷洒 50%辟蚜雾超微可湿性粉剂 2 000 倍液，或 70%艾美乐水分散粒剂 5 000 倍液，或 50%吡蚜酮水分散粒剂 4 000 倍液，或 0.3%苦参碱水乳剂 1 000 倍液，或 20%呋虫胺可溶粒剂 3 000 倍液，或 10%烯啶虫胺悬浮剂 4 000 倍液。特别要严格掌握农药使用的安全间隔期和交替用药。

193. 荞麦双斑萤叶甲如何识别与防治?

识别：双斑萤叶甲成虫体长 3.6～4.8mm，宽 2～2.5mm，长卵形，棕黄色具光泽。触角 11 节丝状，端部色黑，长为体长 2/3；复眼大卵圆形；前胸背板宽大于长，表面隆起，密布很多细小刻点；小盾片黑色呈三角形；鞘翅布有线状细刻点，每个鞘翅基半部具一近圆形淡色斑，四周黑色，淡色斑后外侧多不完全封闭，两翅后端合为圆形；后足胫节端部具1长刺；腹管外露。卵椭圆形，长0.6mm，初棕黄色，表面具网状纹。幼虫体长5～6mm，白色至黄白色，体表具瘤和刚毛，前胸背板颜色较深。蛹长2.8～3.5mm，宽2mm，白色，表面具刚毛。

防治方法：①最佳防治时期。因双斑萤叶甲每年发生一代，以散产卵在表土下越冬，翌年5月上中旬孵化，幼虫一直生活在土中，食害禾本科作物或杂草的根。经过30～40d在土中化蛹，蛹期7～10d。因此，最佳防治时期应在成虫羽化初期，百株虫口达到50头时进行防治。②农业防控。清除田间地边杂草，特别是稗草，减少双斑萤叶甲的越冬寄主植物，降低越冬基数；荞麦生长期，对点片发生的地块于早、晚人工捕捉，降低基数；合理使用农药，保护利用天敌，双斑萤叶甲的天敌主要有瓢虫、蜘蛛等。③药剂防治。双斑萤叶甲成虫具有一定短距离迁飞的习性，相邻的农田同时发生时，其中一块地进行防治而其他地不防治，则过几天防治过的地又呈点片发生，加大防治难度，危害程度更重，所以防治该虫一定要统防统治，才能取得较好的防治效果。可放宽防治指标，即在荞麦初花期，百株虫口300头、被害株率30%时进行防治。选用2.5%高效氯氟氰菊酯水乳剂，或20%杀灭菊酯微乳剂1 500倍液喷雾，间隔5～7d再喷施一次。

194. 荞麦草地螟如何识别与防治?

识别：草地螟成虫呈淡褐色，体长8～10mm，翅展20～26mm，触角丝状。前翅灰褐色，具暗褐色斑点，沿外缘有淡黄色点状条纹，翅中央稍近前缘有一深黄色斑，顶角内侧前缘有不明显的三角形浅黄色小斑；后翅浅灰褐色，沿外缘有2条波状纹。卵椭圆形，长0.8～1.2mm，乳白色，一般为3～5粒或7～

8 粒串状黏成复瓦状的卵块。幼虫体长 19～21mm，共 5 龄，老熟幼虫 16～25mm。1 龄淡绿色，体背有许多暗褐色纹；3 龄灰绿色，体侧有淡色纵带，周身有毛瘤；5 龄多为灰黑色，两侧有鲜黄色线条。蛹长 14～20mm，淡黄色，背部各节有 14 个赤褐色小点，排列于两侧，尾刺 8 根。

防治方法：①最佳防治时期。草地螟一般每年发生 2 代，以第一代为害最为严重。越冬代成虫始见于 5 月中下旬，6 月为盛发期，6 月下旬至 7 月上旬是严重为害期。因此，6 月上旬是草地螟防治的最佳时期。②农业防控。做好预测预报工作，准确预报是适时防治草地螟的关键；在草地螟集中越冬区，采取秋翻、春耕和耙耱等措施，压低越冬虫源数量；铲除除草，并进行深埋处理，可起灭卵作用，能减少田间虫口密度；利用草地螟的趋光性，成虫发生期在田间设置黑光灯进行诱杀；生物防治，在成虫产卵期释放赤眼蜂，放蜂量为 15 万～30 万头/hm^2。③药剂防治。防治指标为 30～50 头/m^2，在卵孵化始盛期后 10d 左右进行为宜，即在幼虫 3 龄之前。当幼虫在田间分布不均匀时，一般不宜全田普治，应在认真调查的基础上实行挑治。当田间幼虫密度大，且分散为害时，应实行联防，大面积统治。防治药剂可选 20%氯虫苯甲酰胺悬浮剂 2 000 倍液，或 25g/L 多杀菌素悬浮剂 1 000 倍液，或 1.8%阿维菌素悬浮剂 2 000 倍液。

195. 不同生产区荞麦田杂草种类主要有哪些?

荞麦大田分布较广的杂草分禾本类和阔叶类两类，其中禾本类主要有虎尾草、稗草、早熟禾、马唐、狗尾草、野稷、牛筋草；阔叶类主要有苋、红蓼、水蓼、泥胡菜、牻牛儿苗、苣荬菜、三叶鬼针草、长叶紫菀、风轮草、宝盖草、天蓝苜蓿、大巢菜、龙葵、曼陀罗、藜、田旋花、牵牛花、打碗花、蒿、苍耳、蒲公英、草地风毛菊、马鞭草等。其中，西北和华北地区主要以阔叶类杂草为主，西南地区杂草种类较多，阔叶类杂草和禾本类杂草混合发生。

196. 适宜荞麦田使用的除草剂有哪些，禁用的有哪些？

荞麦属于小作物，目前登记在荞麦上的专用除草剂还没有。荞麦对除草剂较为敏感，经试验，目前可选用苗前土壤处理除草剂主要有精喹禾灵、金都尔、金超尔、乙草胺、速收等，用于防除禾本科杂草和阔叶杂草。苗期喷雾处理除草剂主要有威马、精禾草克、精稳杀得、烯草酮等，主要防除禾本科杂草。由于不同荞麦产区和不同前茬作物的田块杂草优势种群不同，不同除草剂的防除效果也不同。

（1）荞麦田双子叶杂草防除 防除荞麦田双子叶杂草可以选用土壤封闭性除草剂金都尔、金超尔和乙草胺。金都尔每亩用药量为75~105mL，只有荞麦田双子叶杂草发生非常严重时，才用高浓度，否则尽量降低用药量，用水量每亩为60kg。金超尔和乙草胺每亩用药量为50mL，用水量均为60kg，注意用药量不能太大，否则会发生药害，尤其是乙草胺浓度增大时有明显药害。针对荞麦田苗期的双子叶杂草没有除草剂可以使用。

（2）荞麦田单子叶杂草防除 防除荞麦田单子叶杂草可以选用土壤封闭性除草剂和苗期喷雾处理除草剂，土壤封闭性除草剂可以用金都尔，每亩用药量为45mL，用水量为60kg，也可以使用金超尔和乙草胺每亩50mL，用水量每亩为60kg，能有效防除单子叶杂草。还可以使用苗期喷雾处理除草剂精禾草克和威马防除单子叶杂草，精禾草克每亩用药量为70mL，威马每亩用药量为60mL，每亩用水量均为30kg。

荞麦田禁用的除草剂：荞麦田禁止使用的除草剂有田普、氟乐灵、一遍净、莠去津、稻思达、硝磺草酮、麦草畏、高效盖草能、高特克、阔草枯、氯吡嘧磺隆、氟唑氯吡嘧、豆轻闲、双草除、烟嘧磺隆、玉乐宝、玉草克、使它隆、立清乳油、苯磺隆、2甲4氯。

197. 荞麦田除草剂使用应注意哪些?

荞麦田使用土壤封闭型除草剂的注意事项：封闭式除草剂就是土壤处理剂，是将除草剂均匀地喷洒到土壤上形成一定厚度的药层，当杂草种子的幼芽、幼苗及其根系被接触吸收而起到杀草作用。这种作用方式的除草剂叫土壤处理剂。这类除草剂种类很多，目前用量较大的有乙草胺、丁草胺、莠去津及乙莠混剂等，可采用喷雾法、浇洒法、毒土法施用。荞麦田使用土壤封闭型除草剂的注意事项：①了解除草剂在土壤中的移动性。不易被水带走、容易被土壤吸附的除草剂效果好，不易伤害作物种子。②要掌握除草剂的防除对象。例如，乙草胺对禾本科杂草有效，而莠去津对阔叶杂草效果好，因此，这两种除草剂可混合后进行封闭处理。③要强调整地质量。整地好坏对药效影响很大，土地平整均匀有助于除草剂在土壤表面的均匀分布和完整覆盖，利于药效发挥。如果免耕播种，由于受前茬的影响，使用封闭型除草剂药效会较差一些。④要根据土壤质地、有机质含量和墒情决定除草剂的用量。有机质含量高、土壤颗粒较小的壤土或黏性土壤对除草剂的吸附性强，可适当提高用量；反之，有机质含量较低的沙土对除草剂的吸附性差，应适当降低用量，以免造成要害。

荞麦田使用叶面喷雾处理的除草剂的注意事项：叶面喷雾处理的除草剂又叫茎叶处理除草剂，是将除草剂药液均匀喷洒于已出苗的杂草茎叶上。茎叶处理受土壤的物理、化学性质影响小，可看草施药，具灵活、机动性，但持效期短，大多只能杀死已出苗的杂草。使用茎叶处理除草剂，要特别注意三点：①除草剂的残效期长短。有些除草剂的残效期很长，如油菜田阔叶类除草剂，对后茬作物的危害严重。②要注意除草的适期，如荞麦田在苗后杂草 2～3 叶期。③要根据田间杂草类型选择对症的除草剂。

总的说来，荞麦田除草剂使用遵循下列原则：

①对症下药。要做到对症下药，首先要弄清楚防除田块中有些什么杂草，属于什么类型。其次，要了解所选用的除草剂的性质，是属于土壤处理剂还是茎叶处理剂。如果田间禾本科杂草和阔叶杂草都有分布可选用土壤处理剂，在播后苗前使用；如果田间禾本科草分布较多，可选用防除禾草的除草剂。再者，要了解除草剂的适用作物，不能误用，禁止使用对荞麦有毒害作用的除草剂。

②适量用药。荞麦苗对除草剂敏感，要使用除草剂的低浓度，用药量过多，不仅浪费药物，而且极易造成对荞麦的药害。

③适时用药。生长期叶面施药，必须选择在荞麦安全期（苗期）和杂草敏感期，1～3 叶期，这时草龄小，抗药性弱，对作物安全性高。过早或偏晚施药都会降低药效，甚至会产生药害。

④了解环境。要用好除草剂，还必须注意环境因素，如光、温度、降水和土壤性质等对药效的影响。有些除草剂的药效和光照有关，在有光照的条件下易发生光解和挥发。温度不仅影响杂草的发生和生长，而且还影响除草剂的药效。一般来说，温度高有利于除草剂药效的发挥，除草剂见效快。但是，30℃以上施药，也增加了出现药害的可能性，所以施药时必须根据具体情况而定。

不论是苗前土壤施药还是生长期茎叶喷雾，土壤湿度均是影响药效高低的重要因素。苗前施药若表土层湿度大，易形成严密的药土封杀层，且杂草种子发芽出土快，因此防效高。若生长期土壤潮湿，杂草生长旺盛，利于杂草对除草剂的吸收和在体内运转，因此药效发挥快，除草效果好。

土壤有机质和团粒结构状况对土壤处理类除草剂的除草效果

影响也较大。

⑤合理混用。对于荞麦田除草，由于荞麦幼苗对很多除草剂敏感，为了降低药害，扩大除草范围，提高防除效果，可考虑除草剂的混用，尤其是苗前土壤喷雾处理的除草剂应是选用的重点。

⑥正确使用。施药时要均匀稀释除草剂，最好用二次稀释法，先配成母液，再稀释成药液。喷施要均匀，做到不重喷、不漏喷，达到着药均匀一致。要在无风或微风时喷洒除草剂，以免药液漂移到相邻地块而引起药害。施药后 45d 内不宜中耕松土，也不宜漫水灌溉，以保护药膜层，提高药效。除草剂要随配随用，不可久放，以免降低药效。喷药结束后，应注意把喷雾器洗干净，以免引起不良后果。

198. 怎样综合防治荞麦大田杂草?

杂草不仅与荞麦争夺养分、光线和空间，同时，还会成为某些病虫害的寄主。如何清除杂草是农业生产的一大难题。常规农业已普遍使用除草剂清除杂草，而有机农业则禁止使用人工合成的化学用品，因此如何控制杂草是有机农业生产迫切需要解决的问题。荞麦田生态控制杂草的核心是调控作物与杂草的关系，创造有利于作物而不利于杂草的环境条件，使作物生长超过杂草生长。

(1) 轮作倒茬 通过不同作物轮作倒茬，可以改变杂草的适生环境，创造不利于杂草生长的条件，从而控制杂草的发生。

(2) 合理耕作 采取深浅耕相结合的耕作方式，既控制了荞麦田杂草，又省工省时。常年精耕细作的田块多年生杂草较少发生。

(3) 调节播期 根据地区气候情况，在播种期内适当晚播；在播种前 1 周左右浇透水，促使杂草种子充分发芽，然后浅耕

10cm左右，除去萌芽或出土的杂草。

(4) 合理密植 在达到产量最大化的同时，尽量密植，通过控制行距来控制杂草。在封垄前浇水施肥，促进荞麦迅速生长，形成壮苗，促使其快速封垄，可有效形成以苗压草，充分发挥生态控制效应。

(5) 播种前清除杂草 在荞麦播种前对田块进行翻耕，清除萌发的杂草。

(6) 防止杂草种子的传播 播种前清除荞麦种子中夹杂的杂草种子。农家堆肥中常混有很多杂草种子，因此，肥料必须经过高温腐熟，以杀死杂草种子，充分发挥肥效。

199. 怎样识别荞麦田除草剂药害，如何解救？

荞麦苗期使用除草剂，不注意用错除草剂的种类或浓度时，常常会导致药害，多表现为植株普遍性地生长停止，叶从边缘开始变黄、枯死。除草剂药害的诊断，很容易受不良环境影响（如干热风、干旱、冻害、高温、缺素症、缺肥症等）所致的作物生长异常的干扰。一般应该与所使用的除草剂种类进行关联分析进行诊断。激素类除草剂如2,4-滴丁酯、2甲4氯等的药害多为抑制生长，茎叶卷曲，严重时也变黄而死亡。出现类似药害症状后，建议请专业人士进行诊断。除草剂药害表现一般分为6级，0级：无药害；1～2级：一般不影响产量；3级：药害中等，对作物有损害，影响产量，尚可恢复；4级：药害严重，严重影响产量；5级：药害极严重，作物死亡绝收。

根据药害级别，可采取相应措施。其具体措施有：①加强田间管理。对发生药害的田块应加强管理，结合浇水，增施腐熟人畜粪尿、尿素等速效肥料，促进根系发育和再生，促进作物健康生长，以减轻除草剂药害对农作物的危害；加强中耕松土，加快土壤养分的分解，增强根系对养分和水分的吸收能力，使植株尽快恢复生长发育，降低药害造成的损失；同时还要叶面喷洒1%～2%的尿素或0.3%的磷酸二氢钾溶液每亩20～30kg，促进作物生长发育，尽快恢复生长。②喷施生长调节剂。植物生长调节剂对植物生长发育有很好的刺激作用，常用植物生长调节剂有：赤霉素、芸薹素内酯、复硝钠、海藻酸快绿等。③及时补救。对较重药害，抓紧时间进行补种或改种，以弥补损失。

200. 荞麦上适用的生物源农药有哪些？

（1）荞麦上适用于防治荞麦病害的生物源杀菌剂有以下多种：井冈霉素（立枯病、褐斑病）、多抗霉素（猝倒病、霜霉病）、农抗120（白粉病）、武夷菌素（白粉病）、中生菌素（轮纹病、细菌性叶斑病）、宁南霉素（病毒病、白粉病）、春雷霉素（细菌性叶斑病）、长川霉素（霜霉病）、聚半乳糖醛酸酶（霜霉病）、木霉菌（霜霉病）、枯草芽孢杆菌（细菌性叶斑病、白粉病）等。

（2）荞麦上适用于防治荞麦害虫的生物源杀虫剂有以下多种：苦参碱（蚜虫）、阿维菌素（钩刺蛾、甜菜夜蛾、斜纹夜蛾）、多杀菌素（钩刺蛾、甜菜夜蛾、斜纹夜蛾）、印楝素（钩刺蛾、甜菜夜蛾、斜纹夜蛾）、除虫菊素（蚜虫、钩刺蛾、甜菜夜蛾、斜纹夜蛾）、苏云金杆菌（钩刺蛾、甜菜夜蛾、斜纹夜蛾）、多角体病毒（斜纹夜蛾）、绿僵菌（金龟子）、白僵菌（钩刺蛾、甜菜夜蛾、斜纹夜蛾）、鱼藤酮等。

201. 不同农药是否可以混合使用？混用的原则是什么？

正常情况下大多农药是可以混用的，农药合理混用能加强药效。但是，农药混用不当会降低药效，增加成本，有的还会出现药害。以下情况农药不能混用：

（1）混合后发生化学反应致使作物出现药害的农药不能使用

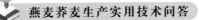

波尔多液与石流合剂分别施用，能防治多种病害，但它们混合后很快就发生化学反应，产生黑褐色硫化铜沉淀，不仅破坏了两种药剂原有的杀菌能力，而且产生的硫化铜会进一步产生铜离子，使植物发生落叶、落果，叶片和果实出现灼伤病斑或干缩等严重药害现象。因此，喷过波尔多液的作物一般隔 30 天左右才能喷石流合剂，否则会产生药害。石流合剂与松脂合剂、有机汞类农药、肥皂或重金属农药等也不能混用。

(2) 酸碱性农药不能混用 常用农药一般分为酸性、碱性和中性三类，氟铅酸钠等是中性农药，硫酸铜、氟硅酸钠等属酸性农药，松脂合剂、石硫合剂、波尔多液、肥皂、石灰、石灰氮等属碱性农药。酸碱性农药混合在一起，就会发生化学作用，降低药效，甚至造成药害。大多数有机磷杀虫剂如乐果、杀螟松、马拉硫磷、磷铵等和部分微生物农药如春雷霉素、井冈霉素、灭瘟素等，以及猪稻净、代森锌、代森铵等，不能同碱性农药混用，即使农作物撒施石灰或草木灰，也不能喷洒上述农药。

(3) 混合后乳剂被破坏的农药不能使用 含钙的农药如砷酸钙、石硫合剂、甲基砷酸钙等，一般不能同乳剂农药混用，也不能加入肥皂。因为乳油、肥皂容易同含钙的药剂发生化学作用，产生钙皂沉淀，乳剂被破坏，药效降低，还会发生药害。

(4) 杀菌剂农药不能与微生物农药混用 杀菌剂对微生物有直接杀伤作用，若混用微生物即被杀死，微生物农药因而失效。

农药合理混用是一项技术性很强的工作，并非所有的农药都能混用，它有具体的操作要求，否则会造成药效降低甚至造成药害。农药混用应遵循如下几个原则：

(1) 混用的农药不能起化学反应 目前常见的有机磷类、氨基甲酸酯类、拟除虫菊酯类杀虫剂，会在碱性介质中水解而失效，因此，这类农药不能与碱性农药或碱性物质混合使用。其他如乐果、代森锌、福美双、杀螟松等农药，不能与波尔多液、石硫合剂、氨水、洗衣粉等混合使用，否则会产生复杂的化学变化，破坏有效成分。而有的农药有效成分在酸性条件下会分解或者降低药效，如2,4-滴钠盐、硫酸烟碱、乙烯利等，如把它们与酸性农药或酸性物质混用，则易分解出有害物质，造成药害。高效氯氰菊酯、高效氯氟氰菊酯等农药，它们对介质的pH要求很窄，在规定的pH范围内稳定，介质偏酸就会发生分解，介质偏碱时会降低药效。除酸碱性外，很多农药品种不能与含金属离子的农药混用，混用后可生成难溶性的沉淀而降低药效。如杀菌剂托布津与铜制剂混用，其中的有效成分会与铜离子络合失去活性；2,4-滴钠盐除草剂与铜制剂混用后，也会产生络合作用而失效。除铜制剂外，其他含铁、锌等重金属离子的制剂也会出现类似的现象。

(2) 混用的农药物理性状应保持不变 两种乳油混用或两种可湿性粉剂混用或乳油与水剂混用时，如果发生乳剂破坏，可湿性粉剂悬浮率降低，甚至出现有效成分结晶析出，药液出现分层、絮结、沉淀等，都不能混用。如乙烯利水剂、杀虫双水剂、杀螟丹可湿性粉剂等，均有较强的酸性或含大量无机盐，与一般乳油农药混用会出现乳化性能破坏。有机磷可湿性粉剂与其他类别农药的可湿性粉剂混用时，悬浮性能会降低，不利于发挥药效。

(3) 不能出现药害等副作用 石硫合剂不能与波尔多液混用，混用后会产生有害的硫化铜，增加可溶性铜离子，容易对作物产生药害。二硫代氨基甲酸酯类杀菌剂如代森锌、代森锰、福美双等，在碱性介质中或与铜制剂混用时都会产生有害物质。有些除草剂如敌稗，如果与有机磷氨基甲酸酯类农药混用，会使敌稗失去除稗作用，并对水稻造成伤害。与敌稗同属酰胺类的除草剂丁草胺也有类似问题，混用时必须慎重。

(4) 农药混用毒性不应增大 如某些毒性并不太高的农药，

与有机磷酸酯类农药混用，可产生酯交换反应，而有形成剧毒化合物的危险，对人畜和环境不安全。如目前使用较多的菊酯类农药，是一种低毒低残留农药，市场上使用量大，因它进入动物体内，能被动物体内的一种酶水解成两种无毒物质，因而毒性不大，比较安全，如果随意掺入有机磷、氨基甲酸酯类的农药，会抑制这种酶的活性，反而增加菊酯类农药的毒性，而且这几种农药混用，一旦发生中毒目前尚无特效解毒药急救。

202. 怎样科学合理使用农药?

科学合理使用农药应遵循以下几点：

(1) 选准药剂，对症用药 农作物病虫草害种类很多，每种农药及其不同剂型都有各自的适宜防治的对象。因此，在生产实践中，必须全面了解农药的性能特点和具体防治对象的发生规律，才能选择安全、有效、经济的药剂，做到对症下药。如杀虫剂中胃毒剂只对咀嚼式口器害虫有效；内吸剂一般只对刺吸式口器害虫有效；触杀剂对各种口器害虫都有效；熏蒸剂只能在保护地密闭后使用，露地使用效果不好。再如防治真菌病害的杀菌剂对细菌病害效果不好，防治低等真菌病害的杀菌剂对高等真菌病害效果也较差。同时还要注意选用合适的药剂剂型，同种农药的不同剂型，其防治效果也有差别。通常乳油最好，可湿性粉剂次之，粉剂最差。保护地内使用粉尘剂或烟剂效果较好。

(2) 适时用药 选择合适时间施用农药，是控制病虫草害、保护有益生物、防止药害和避免农药残留的有效途径。要掌握所要防治的病虫草害的发生规律，掌握田间实际发生动态，达到防治指标才可用药。不要简单强调“治早、治小”，也不应错过有利时机。各种有害生物防治适期不同，同一种有害生物在不同的作物上为害，防治适期也有区别，使用不同药剂防治某种病虫草害的防治适期也不一样。如防治鳞翅目幼虫一般在 3 龄前，其他多种害虫都应在低龄期施药；防治气传病害，一般应在发病初期及时用药；保护性预防药剂必须在发病初期或前期用药；治疗性药剂用药也不能太晚；芽前除草剂绝对不允许在出苗后施用。

（3）准确掌握农药用量 准确掌握农药适宜的施用量是防治病虫草害的重要环节。一定要按农药使用说明书量取农药施用量，使用浓度和单位面积用药量务必准确。尽管某些农药在一定范围内，浓度高些，单位面积用药量大些，药效会好些，但是超过限度，防治效果并不按比例提高，有些反而下降，不仅造成浪费，而且会出现药害，增加环境污染；农药用量过低，又影响防治效果，诱发病虫害的抗药性。因此，量取药剂决不能粗略估计，必须将施药面积、施药量和用水量准确计量。

（4）准确掌握农药使用方法，保证施药质量 采用正确的使用农药方法，不仅可以充分发挥农药的防治效果，而且能避免或减少杀伤有益生物、导致作物药害和农药残留。农药种类和剂型不同，使用方法也不同。如可湿性粉剂不能用于喷粉，粉尘剂不可用于喷雾，胃毒剂不能用于涂抹，内吸剂一般不宜制毒饵。施药要保证质量，喷雾做到细致均匀；使用烟剂必须保持棚室密闭；施用粉尘剂一定要避开阳光较强的中午。

（5）据天气情况，科学、正确施用农药 一般应在无风或微风天气施用农药，同时注意气温变化。气温低时，多数有机磷农药效果较差；温度太高，容易出现药害。多数药剂应避免中午施用。刮风下雨会使药剂流失，降低药效，因此最好使用内吸剂，其次使用乳剂。

203. 什么是农药残留，如何减少农药残留？

农药残留是农药使用后一个时期内没有被分解而残留于生物体、收获物、土壤、水体、大气中的微量农药原体、有毒代谢物、降解物和杂质的总称。施用于作物上的农药，其中一部分附着于作物上，一部分散落于土壤、大气和水等环境中，环境残存的农药中的一部分又会被植物吸收。残留农药直接通过植物果实或水、大气到达人、畜体内，或通过环境、食物链最终传递给人、畜。

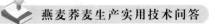

目前，减少农药残留有以下几条途径：①选用高效、低毒、低残留的农药。这对果树、蔬菜、药材、烟草以及荞麦等作物来说特别重要。②不能在安全间隔期内施药或收获作物前施药。安全间隔期是指最后一次施药至放牧、收获、使用或消耗作物前的时期，也就是自喷药后到残留量降到最大允许残留量时所需的时间，各种药剂的安全间隔期因药剂品种、作物种类及施药季节的不同而异。如：乐果乳剂在苹果上的安全间隔期为10d，而在柑橘上的为7d。在实际生产中，最后一次喷药到作物收获之前的时间间隔必须大于所规定的安全间隔期，不允许在安全间隔期内收获作物。③准确掌握用药量。尽量减少药剂的浓度、剂量和使用次数。④进行去污处理。对残留在水果、蔬菜表皮的农药可用水溶剂或蒸汽洗涤，减少残留。⑤采取避毒措施。在遭受农药污染地区，一定时期内不要栽种易吸收农药的作物或改变栽培制度，减少残留的污染。

204. 如何配制农药施用浓度?

农药使用浓度一般有百分比浓度、百万分浓度、稀释倍数等表示方法。

(1) 百分比浓度 是指100mL水（或其他液体溶剂）中加入药剂的克数或毫升数。一般原药浓度采用这种方法，数值越大，则药剂成分含量越大。

(2) 百万分浓度 是一种很稀的浓度，是指100万mL（或份）水（或其他液体溶剂）中含纯药的克（或份）数，常用

mg/kg、mL/L 表示。那么怎样配制这种百万分浓度的药液呢？在实际应用时，以 50kg 稀释液为基数，记住“见数除 20”的要诀，就能准确地计算出原药用量。例如，需配制 80～100mg/kg 的药液，配制时需要多少原药？按照“见数除 20”的口诀，计算公式为：80～100/20＝4～5（g）。此法适合纯的原药。

（3）稀释倍数 一般农药都有稀释倍数的说明，对于某种病虫害，用时需稀释多少倍，进行喷雾或浸种或浇土。就是说取农药 1mL，就要加入要求稀释倍数的水。比如稀释 1 000 倍，一般取农药 1mL，加水 1 000mL。由于这种配制常常是不很准确的。为了便于操作，常常用瓶盖为量杯，这时需要预先测量瓶盖的容量，以瓶盖容量（毫升数）与稀释倍数相乘，所得数值就是需要加水的毫升数。

十五、荞麦产品与加工

205. 荞麦加工设备主要有哪些？

与所有粮食加工一样，荞麦原粮在加工前也首先要清杂（也叫清粮），清杂通用设备一般有风筛清选机、比重去石机。风筛清选机是组合风选和筛选为一体的基本清选设备，该机的风选功能主要是靠立式空气筛来完成的，通过调整气流的速度，实现分离目的，较轻的杂质被吸入螺旋式除尘器集中排出，较重的物料通过风力筛选后进入比重去石机，物料靠重力沿筛板斜面下移流向出口，而比重较大的石子等杂质则沉在物料底部，在鱼鳞筛板的驱动作用下沿筛面上移至去石口，完成去石过程。物料去石后再经振动筛分级。荞麦加工中使用振动分级筛，选用三级、四级以上筛分效果较好，分级越多越有利于后续脱壳、制粉加工。

荞麦初加工主要包括制粉和制米，所需要的加工设备不同。加工制粉时，主要设备有辊式磨粉机、片式磨粉机和石磨磨粉机。加工制荞麦米时，甜荞米和苦荞米的加工设备不一样，甜荞米是用砂轮脱壳机，苦荞米是用蒸制设备蒸熟苦荞后，再用砻谷机脱壳。加工膨化粉时，要用前述加工的面粉，采用挤压膨化机熟化处理，再经干燥机干燥、磨粉机磨粉。

206. 甜荞种子如何去壳成荞米?

荞麦米是荞麦籽粒经过剥壳、筛选、分离后的完整荞米，新鲜荞米呈淡绿色，存放时间过久会逐渐氧化变成浅褐色。

荞麦脱壳主要工艺流程：清理—分级—脱壳—分选。

(1) 清理 首先选用复式清选机对荞麦原料进行清杂处理，去除物料中的草棍、皮屑、灰土等杂质。在上述处理中，与荞麦原粮大小相近的石头（俗称为并肩石）等杂质并没有被筛除，需要用专门的去石机将其去除。这样，才获得了比较干净的荞麦物料，以便进行后续的加工。

(2) 分级 经过清理后的荞麦原料颗粒大小是不同的，要想荞麦脱壳取得理想的效果，必须对其进行大小粒分级，只有同一级别、同样大小的荞麦物料同时进行脱壳，才能提高效率并减少破碎率。荞麦分级成套设备中有分 6 个等级和 8 个等级的，可根据原料与设备的匹配度进行选择。

(3) 脱壳 脱壳处理是整个荞麦脱壳生产线中最关键的一环，脱壳机是其核心设备。脱壳机工作原理：将已分级的荞麦原料由料斗喂入上、下两片砂轮之间、轴心部的圆锥腔内，在动砂轮的作用下，荞麦物料受离心力和摩擦力作用，被瞬间挤压通过控制一定间距的上、下砂轮工作面，使荞麦仁破壳而出。

(4) 分选 经过脱壳后的荞麦物料是一种脱壳荞麦米、荞麦皮壳及未脱壳荞麦籽的混合物，需要将其各自分开。分选主要是通过风选，将比重较轻的荞麦皮壳吸走，然后，再通过适当的筛网，将留在筛网上面未脱壳的荞麦籽返回脱壳机循环再脱壳，而通过筛网的就是筛选分离后的荞麦米。

（5）包装 分选好的荞麦米和壳分别经过称重、包装即为成品。

207. 如何加工生产苦荞米？

与甜荞相比，苦荞籽粒外壳没有类四面体的棱状锐角边，即使具有明显三棱状外形的苦荞品种，其棱边也是呈圆角状。加工时，难以形成导致外壳开裂的应力点。外力不够时，皮壳打不开，外力加大后，皮壳开裂的同时，米粒也被打碎，甚至破碎成粉末状。所以很难用常规苦荞品种加工生产生苦荞米，市场上常见的是熟苦荞米。

熟苦荞米的加工工艺是水浸、熟化、干燥，使其胚乳中的淀粉糊化变性、变硬，然后施加外力挤压揉搓进行脱壳制米。其一次脱壳率和整米率，可分别达到40%以上和85%以上。经数次分离和加工即可得到完整脱壳的苦荞米。这种苦荞米在一定意义上为熟化米。

近年来，我国燕麦荞麦产业技术体系的育种家们采用杂交育种等方法，培育出了系列易脱壳苦荞新品种，并已开始在贵州、四川等地大面积推广应用。其主要特性是皮薄、易开裂，可采用普通脱壳设备加上色选机直接加工生苦荞米。

208. 荞麦秸秆有何利用价值？

大体上，荞麦秸秆有以下五种用途。

（1）用作燃料 荞麦秸秆纤维中的碳占绝大部分，我国农村长期有焚烧秸秆的陋习，科学利用主要体现在转化为燃气上，一是将秸秆厌氧发酵产出沼气，通过管道送往农户，既缓解了农村地区洁净能源供应短缺的情况，又消耗了大量秸秆；二是利用秸秆制炭，作为一种工业燃料。

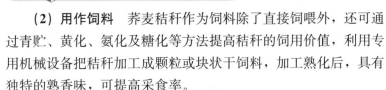

（2）用作饲料 荞麦秸秆作为饲料除了直接饲喂外，还可通过青贮、黄化、氨化及糖化等方法提高秸秆的饲用价值，利用专用机械设备把秸秆加工成颗粒或块状干饲料，加工熟化后，具有独特的熟香味，可提高采食率。

（3）用作肥料 秸秆的直接利用指将秸秆抛洒在田间，或粉碎或整株，或覆盖或深埋，也可在作物苗期或果园将秸秆均匀覆盖在地表；间接利用指以腐熟的秸秆为主，加入畜禽粪和多种微量元素、活性剂，粉碎加工成颗粒状生物有机肥，可用作绿色食品专用肥。

（4）用作工业原料 通过热力、机械以及催化剂的作用，将秸秆中的纤维与其他物质分离而得草浆用于造纸；以秸秆中的纤维为原料加工汽车内饰、纤维密度板、植物地膜等产品；以秸秆为原料制作可降解餐饮具、包装材料、育苗钵等；利用秸秆中的纤维和木质素作填充材料，制成各种类型的纤维板、轻体隔墙板。

（5）用作食用菌基料 食用菌培养需要大量的培养底料，由于农业产业调整，食用菌栽培过程中需要的培养底料可由传统的木屑转为使用各种农作物秸秆，我国每年荞麦种植产生的大量秸秆，可以为其所用。

209. 荞麦面条如何制作？

由荞麦制作的荞麦面条营养丰富，食用方便快捷，是深受欢迎的大众食品。荞麦面条是用荞麦面粉加水，和成面团经压延成面片后切制的细面条，煮熟食用。大体上，荞麦面条工艺分为荞麦鲜切面和荞麦凉面两种。

（1）荞麦鲜切面的制作

材料：荞麦粉、小麦面粉、鸡蛋。

操作要点：荞麦粉和小麦面粉按 1∶1 的比例混合，然后加入鸡蛋和成面团，醒半小时；擀成面皮，切成面条，沸水煮熟；配上青菜，浇上卤或炸酱即可食用。

(2) 荞麦凉面的制作工艺

材料：荞麦面条80g，海苔丝少许，萝卜泥50g，熟白芝麻少许，补充蘸料。

操作要点：取一汤锅，加水滚沸后放入荞麦面条，以小火煮6min捞起，泡入冰水中过冷后捞起，再以冷开水将荞麦面条上的黏液洗净后沥干。将冷却后的荞麦面条置于盘中，撒上海苔丝、白芝麻，最后再放上萝卜泥，蘸酱食用即可。

210. 荞麦饸饹如何制作?

饸饹是汉族民间传统面食，因多用荞麦面制成，比较固定的叫法是荞面饸饹，是中国北方最常见的面食之一。其主要原料除荞麦面粉外，还有食用碱和食盐。传统的做法是用一种木头做的“饸饹床子”，架在锅台上，把和好的面团塞入饸饹床子带漏孔的空腔里，通过对饸饹床子木柄的加压，将面团挤出漏孔形成面条，直接入烧沸的锅内，等水烧滚了，一边用筷子搅，一边加入冷水，经过两次熟化后，就可以捞出入碗，浇上事先用豆腐、肉、红白萝卜等做好的“臊子”，就可以吃了。

制作工艺：称料→和面→醒发→挤压→饸饹面条→煮制→熟饸饹面条。

操作要点：和面，将相当于面粉1%的食盐溶于30℃温水（水量是荞麦面粉的65%）中，将盐水逐渐加入荞麦面粉（甜荞或苦荞）和好揉匀。醒面，将和成面团置于自封塑料袋中或是盖上盆盖醒发30～60min。压面，醒制好的面团取适量放入饸饹床眼中直接压入开水锅中。煮制，煮沸4～5min后捞出。为防止面条出锅后粘连，也可用温开水进行冷却降温。

211. 荞麦营养冲调粉如何制作?

荞麦营养冲调粉是以荞麦为主要原料，复配燕麦、芝麻、花生、核桃仁等特色食材，通过混合调香调味熟化粉碎等工序生产的营养保健食品。该产品具有冲调性好、消化吸收率高、营养丰富等特点，是目前市场畅销流行的快餐方便食品，用开水冲调3min即可食用。该产品在突出荞麦的特有保健功效外，通过添加燕麦、芝麻、核桃等进一步补充营养成分，增加香味，提高适口性，辅以少量的调味料改善口感，适合不同口味、不同需求的人群，具有广泛的市场潜力。

材料：荞麦粉45%～75%，燕麦粉15%～40%，芝麻（或核桃碎或花生碎）1%～3%，适量调味粉。

制作工艺：备料→淘洗→干燥→熟化→粉碎→磨粉→调兑→称量→装袋。

212. 苦荞米茶是如何制成的？

苦荞经浸泡、熟化、脱壳、干燥后，再经严格控制烘炒加工，即可成为一种纯天然的苦荞茶。其呈黄褐色、略有膨化的颗粒状，口感酥脆，颇具炒麦香味。冲茶后水质清澈亮黄，有特殊的焙烤香味，颇受市场欢迎。

工艺流程：苦荞麦原料精选→清洗→浸泡→熟制→干燥→脱壳→烘炒→冷却→包装→成品。

(1) 原料精选　精选带壳苦荞麦，并对苦荞麦进行农药残留检测。

(2) 清洗　用清水将苦荞麦漂洗干净。

(3) 浸泡　常温浸泡3～4h。

(4) 熟制　利用蒸汽将苦荞麦蒸熟。

(5) 干燥　采用可调温炒制设备或流化床干燥设备，从高到低逐步调温，并匀速翻动干燥，使苦荞物料中水分快速挥发至适宜脱壳的干燥程度。

(6) 脱壳　采用砂轮脱壳，或采用离心力等将苦荞麦粒击开致使麦壳与麦仁完全分离，除去麦壳，保留表面带苦荞麦麸的麦仁。

（7）烘炒、冷却 采用烘炒机将麦仁炒香并略有膨化，随后冷却。

（8）包装 采用颗粒包装机将苦荞茶分包成每袋4～5g的小包，再分装成大包装即可。

食用方法：将苦荞米茶倒入茶杯中，加沸水冲泡即可饮用，茶色清澈亮黄，具炒香味。冲泡3～4次后，亦可将米和茶汤一并食用。

213. 苦荞米酒如何酿造？

苦荞米酒是以苦荞为主要原料，配合使用糯米等优质杂粮生产的具有营养保健功效的低度发酵酒，使其在富含葡萄糖、多种氨基酸、有机酸、多糖等成分的同时更增加了芦丁、槲皮素、D-手性肌醇等生理功能因子，具有抗氧化、调节血糖、预防心血管疾病等多种功效。

工艺流程：苦荞、糯米或其混合物→淘洗→浸泡24h→蒸煮→摊凉→拌料（糖化酶、黄酒活性干酵母、生香活性干酵母）→入缸→糖化发酵→过滤取汁→调配→灭菌→包装→产品。

操作要点：

（1）洗米 糯米（碎米）的表面附着大量的皮糠和粉尘，需要进行洗米，用温水洗到淋出的水无白浊为度。

（2）浸米 目的是使物料中的淀粉颗粒吸水膨胀、疏松，浸米后的颗粒要求保持完整而酥松（用手指捏米粒成粉状无粒心为度），吸水量为25%～30%。米浸不透，蒸煮时易出现生米；米浸过度会造成淀粉损失。浸米时间依温度不同而不同，35℃水浸24h，浸米时应注意适时均匀搅动，以手碾即碎，不出现浸烂或白心（硬心）为宜。

(3) 浸泡、破碎 另取苦荞原粮用冷水浸泡（用热水容易使营养成分损失）24h，待其泡软后，用对辊式挤压机把外壳挤破，露出胚乳，以利于微生物和酶类对其作用，加快糖化发酵进程。

(4) 蒸煮 将充分吸水的物料进行蒸煮，使淀粉糊化便于发酵。其质量要求：外硬内软，内无白心，疏松不糊，均匀一致。蒸煮不熟则淀粉的糖化不完全，还会引起不正常的发酵，使成品酒度降低或酸度增加；蒸煮过度，物料颗粒易黏结成团，不利于糖化和发酵，蒸熟后的物料含水量62%～63%。

(5) 淋冷 物料蒸透后，立即用净水冲淋，使物料颗粒分离并降温至28～30℃，准备拌料。

(6) 拌料 将淋冷后的糯米和苦荞，沥去余水，置于事先经清洗、灭菌处理的发酵罐中，加入活化好的酵母液和糖化酶液，用纱布封口，放入恒温培养箱中。

(7) 发酵 发酵温度28℃。

(8) 压滤 将发酵成熟的醪，进行压榨过滤，得到原酒液。

(9) 勾兑 根据要求调整酒精度、酸度、糖度、色泽以及口感，成为产品。

利用本技术可开发出甘甜爽口、酒香浓郁、低度、营养的苦荞保健酒，有效保留了苦荞的功能成分，具有较高的营养保健功效，是一种集低度、营养、保健于一体，符合现代消费时尚，深受广大消费者喜爱的大众化健康饮品。

214. 苦荞酱油如何制作?

酱油制品大多只有调味作用而没有保健功效，苦荞酱油则是一种寓药于食的保健酱油，其味鲜、清香。

工艺流程：苦荞原料→蒸料→冷却接种→发酵→淋油→灭菌。

(1) 蒸料 取以下重量百分比的原料，用旋转式蒸锅加压至

0.2MPa 进行蒸料：豆粕 65%～70%，苦荞麦 14%～18%，小麦麸皮 15%～20%。

（2）冷却接种、厚层通风制曲 冷却接种：熟料快速冷却至 32℃，接入米曲霉菌种，培养后的种曲达 0.3%～0.4%，充分拌匀；厚层通风制曲：接种后的曲料送入曲室曲池内，先间歇通风，后连续通风，制曲温度在孢子发芽阶段控制在 30～32℃，菌丝生长阶段控制在最高不超过 35℃，在此期间进行翻曲及铲曲。孢子着生初期，产酶最为旺盛，品温控制在 30～32℃。

（3）发酵 成曲加 12°～13°Bé 的热盐水拌和入发酵池，品温控制在 42～45℃、52～58℃、38～40℃，三期发酵 20～22d，酱醅基本成熟。

（4）淋油 浸出淋油将前次生产留下的“三油”加热至 85℃，加入成熟的酱醅内浸泡，使酱油溶于其中，再从发酵池底部把生酱油放出，通过食盐补充盐分。把酱油与酱渣分离出来。采用多次浸泡，分别依序淋出头油、二油及三油。

（5）灭菌 将酱油加热至 80～85℃消毒灭菌，再勾兑、澄清及质量检验，得到成品。

215. 苦荞醋如何制作？

苦荞醋是以苦荞为主料酿制的食用醋，亦可辅以中草药酿制提高其保健功效。

生产工艺及操作要点：

（1）高粱或糯米淘洗干净，加水混匀，浸泡，滤出后采用常规方法蒸熟，冷却备用。

（2）取以下 48 味等量的中药材：党参、丹参、红花、当归、枸杞、黄芪、山药、白芍、何首乌、三七、艾叶、杜仲、肉桂、砂仁、豆蔻、八角、桂枝、陈皮、乌梅、甘草、大枣、黄连、贝母、天麻、丹参、元胡、番红花、黄芩、甘草、北沙参、桔梗、山茱萸、地黄、杜仲、银杏、五倍子、猪苓、肉苁蓉、牛膝、续断、益智仁、益母草、远志、苍术、秦艽、桂枝、麻黄、麦冬，按常规方法预先处理干净，粉碎，备用。

（3）取苦荞麦晒干，粉碎，备用。

（4）将上述苦荞粉、中草药碎块和煮熟的糯米按1 000∶25∶100的质量比例混合，搅拌均匀，得到混合料。其中糯米按生料计。

（5）将混合料送入发酵池进行酒精发酵15d，得到醋醅。

（6）将醋醅进行翻料10～15次，再进行醋酸发酵2次，每次5d。

（7）将发酵的酸化醋送入陈化池进行陈酿2～3个月。

（8）将陈化的醋放入淋醋池内，徐徐淋入与醋醅等量的冷开水浸泡，再将醋液从池底放出，滤去残渣，即得到生醋。

（9）将生醋加热，冷却后装瓶，检验合格，即为苦荞醋成品。

216. 苦荞面包如何制作？

材料：苦荞粉、小麦面粉、蔗糖、食盐、酵母、水分、猪油。

工艺流程：混合粉、酵母液、水→第一次调制面团→第一次发酵→第二次调制面团→第二次发酵→分块、搓圆→静置→整形→饧发→烘烤→冷却→包装→成品。

操作要点（以家庭制作面包为例）：在家用面包机的钵中放入200g小麦面粉、15g蔗糖、4.0g食盐，将6.0g酵母用适量30℃的温水活化后，也一并加入和面钵。低速搅拌形成面团后，再中速打面20s。然后，加入100g苦荞粉，并补充适量水分，低速搅拌形成面团后，再加入猪油15g，中速打面20s。取出面团，在辊压成形机上反复折叠压面至面团表面光滑、细腻。将面团片用切刀分成重量相等的三片，分别用辊压成形机经两次成形后，放入表面涂有大豆油的 350mL 模具中。在温度 40℃、相对湿度 85%的恒温恒湿箱中醒发、醒发成熟的标志是面团在面包模具内全部涨满。待面团发酵成熟后，将醒发的生面包坯放入预热的电烤炉中，上火 190℃、下火 200℃焙烤 25min 即可。烘烤后的面包经自然冷却，中心温度降至 35℃以下即可包装。

217. 苦荞蛋糕如何制作?

材料：苦荞麦粉 100g，低筋面粉 150g，水 150g，泡打粉 4g，白砂糖 80g，鸡蛋 250g，食盐 2g，植物油 30g，蛋糕油 12g，香兰素 2g，奶粉 20g。

工艺流程：鸡蛋、白砂糖、植物油、蛋糕油→加水→混合搅拌→快速搅打→调糊→注模→焙烤→冷却→脱模→成品。苦荞粉、奶粉、低筋面粉→加入香兰素、食盐、泡打粉。

操作要点：

(1) 打制蛋糊　先将蛋液、白糖放入打蛋机中，用中速打至白糖化开，放入蛋糕油、植物油快速搅拌 3s，再将总量 1/3 的水徐徐加入，继续搅拌 3s 后加入余下的水。

(2) 调制面糊　将苦荞粉、奶粉加入打蛋机里的蛋糊中，同时加入香兰素、食盐、泡打粉，搅打 6s；再将小麦粉徐徐加入，边加入边搅拌至均匀即可。

(3) 注模焙烤　给蛋糕模具刷上葵花籽油，用勺将蛋糕糊注入蛋糕模具中，注入量为模具的 2/3，立即入炉。先将远红外电烤箱升温至 200℃，关掉顶火，放入模具，8s 后再关掉底火，打开顶火，烘烤至蛋糕表面呈棕黄色时，刷上一层葵花籽油即可。将蛋糕脱模，自然冷却至室温，便可检验包装。

218. 苦荞发糕如何制作?

苦荞发糕的制作方法：将苦荞面粉加水调成糊状，再添加适量酵母和白糖，搅拌均匀，让其自然发酵。发酵好的荞面糊倒入小容器内放入蒸笼蒸熟即成。荞麦发糕色泽金黄，口感香甜、松软，尤其适合老年人、儿童食用。

219. 苦荞千层饼如何制作?

苦荞是彝族的传统主食之一，从古至今，苦荞在彝族人民经济、生活中占着相当重要的地位，形成了独特的苦荞饮食文化。苦荞千层饼就是在彝族传统食品中占有重要位置的一款特色主食。

苦荞千层饼的做法：苦荞粉适量，加水拌成稠糊状，也可以根据个人喜好添加少许鸡蛋和白糖，将平底锅加热涂油，倒入适量的面糊，并使面糊均匀地铺满锅底，待面糊熟化后，将面饼翻身，再在其上倒入薄层面糊，待下部熟后再翻身加入薄层面糊，如此反复多次即得松软多层的千层饼。

220. 苦荞米粉如何制作?

由于苦荞缺少面筋，用苦荞加工米粉面条容易断条。在制作过程中必需使用代替化学药剂明矾的微毛山矾的茎叶烧成的灰水，处理苦荞面粉，一方面可以脱去其苦味，另一方面增加米线的筋道。

材料：苦荞面粉 50%～60%，大米粉 40%～60%，微毛山矾的茎叶。

制作方法：

（1）微毛山矾的茎叶烧成灰，加水调成糊状，滤渣、澄清得脱苦液。

（2）将苦荞面粉、脱苦液按（1～1.5）∶1 混合拌匀。

（3）将脱苦后的苦荞面、大米粉按（1～1.5）∶1 混合拌匀，加水混成散面状态，蒸熟。

（4）将蒸熟的面块用榨机挤压成苦荞米线丝条，切段，于空气中自然冷却，并手工搓散。

（5）将松散的米线条担在横杆上于40～45℃以下进行干燥，称量、包装即得产品。

221. 如何制作荞麦枕头？

荞麦枕头制作主要指的是荞麦枕芯的制作，包括荞麦脱壳、除杂、灭菌灭虫卵等工艺。

荞麦脱壳工艺：用于枕垫填料的荞麦皮壳，是通过特定脱壳工艺加工。甜荞籽粒具有明显的棱状结构，通常采用圆盘式平板砂轮脱壳机加工。因甜荞壳与内种皮之间存在一定间隙，在脱壳机两片砂轮之间的搓碾作用力下，很容易分别得到基本完整的荞麦米和荞麦壳。而苦荞壳因外观椭圆无棱，采用与甜荞脱壳同样的工艺处理，当砂轮片间隙和作用力不够时，几乎达不到脱壳效果。而当间隙和作用力足够，在苦荞壳开口的同时，壳内容物也基本研压成粉，分离后的苦荞壳内会残留大量面粉、麸皮残屑等，影响苦荞壳使用效果。另一种加工工艺是在对苦荞籽粒采取浸泡、熟化和控制水分的条件下，利用对辊式水稻砻谷机处理，可同时得到完整的苦荞壳与苦荞米。这种工艺生产的苦荞壳内，面粉、麸皮等残留物极少，易于净化处理，且苦荞壳呈现开口的椭球体状，使用时抗压性强、弹性大、透气性好，不容易散成片状，使用年限长，是优质的枕垫类填充料。

荞麦皮除杂、灭菌灭虫工艺：因脱壳后的荞麦皮含有土杂、荞麦仁、草叶草秆等杂质，不但影响卫生、舒适性，而且在一定条件下易产生变质、生虫、发霉等现象，引发过敏与疾病。因此，荞麦皮须经过多次筛选和灭菌处理才能作为枕垫类填充物使用。一般采用风选设备和振动筛设备，去除荞麦壳里面的荞麦碎末和杂质。同时采用特殊筛网分离，能有效地提高品质。再经高温消毒、灭菌处理，达到卫生安全要求。

222. 如何制作荞麦饲料？

荞麦作饲料，大多是籽粒粉碎后直接使用，或进一步加工后使用，或配合使用青苗。荞麦青苗含有一定光敏性毒素，饲喂时要控制用量，以避免大量食用导致畜禽中毒。

如使用收获籽粒后的秸秆作饲料，常用制作方法包括物理法、化学法和生物法等。

物理法：有秸秆揉搓加工、秸秆饲料压块等，通过对秸秆精细加工，变成柔软的丝状物，再根据反刍动物对粗蛋白质、粗纤维、矿物质、维生素等营养物质的需要，把揉碎的荞麦秸秆等粗饲料与精料和各种添加剂进行充分配制混合成反刍动物的全混合日粮，或者通过将秸秆、饲草压制成高密度饼块，大大减少运输与储存空间，同时与烘干设备配套使用，防止霉变。这些方法能提高荞麦秸秆的适口性，增加采食量，提高消化率，但不能改变荞麦秸秆的组织结构，无法提高其营养价值。

化学法：包括酸处理、碱处理、氧化剂处理、氨化等方法。酸、碱处理研究的较早，因其用量较大，需用大量水冲洗，容易造成环境污染，生产中并不广泛应用。

生物法：是利用某些特定微生物及其分泌物处理荞麦秸秆，如青贮、微贮等。能产生纤维素酶的微生物均能降解纤维素。降解木质素的微生物主要有放线菌、软腐真菌、褐腐真菌、白腐真菌等。

在青贮、微贮的基础上，通过使用含纤维素酶和木聚糖酶的酶制剂、含乳酸菌接种剂的微生物制剂，可生产秸秆发酵饲料。利用微生物发酵降解秸秆中的木质素等生物处理方法，也可大大提高荞麦秸秆的饲料利用率和营养价值。

223. 四川凉山札札面如何制作？

凉山地区流行的札札面是以苦荞面粉为原料加工的小吃食品。因其制作简单、营养价值高，在凉山州甘洛县是备受消费者喜爱的特色小吃，已经有上百年的历史。

材料：苦荞面粉、熟石灰或草碱。

制作方法：

（1）碱水、草碱水的配置 ①熟石灰调制：将熟石灰 25g 放入 15kg 冷水中搅拌均匀，放置沉淀，取沉淀后的上清液备用。②草碱水的调制：将红须植物秸秆烧成灰，再将苦荞秸秆烧成灰，混合搅拌用水调至 1∶50 的比例，沉淀后的上清液即为草碱水。

（2）苦荞面粉 选取高山种植的苦荞磨粉，将 1～3 道的面粉混合使用。

（3）和面 取纯苦荞面粉用第一步制作的熟石灰水上清液和面，和好后即可挤压制作札札面。注意：和好的面不宜长时间放置，也不能放入冰箱，否则会影响面的劲道，要现和现制。

（4） 将和好的面团放入小型挤压机中，用力挤压，将面直接压入开水锅中，煮 3～5min，即可捞出，再根据个人喜好加入卤汁、清汤、炸酱等，即可成为可口的小吃。

224. 威宁荞酥是如何制作的？

威宁地处贵州省西部，属高寒山区，盛产苦荞、甜荞，常以荞粑为主食。苦荞味苦，但用苦荞粉精心制作的荞酥却甜美芳香，为众多黔点中的佼佼者。威宁荞酥是贵州威宁彝族回族苗族自治县的小吃名点，以其香酥松散，味道鲜甜，口感清爽的特点而享誉全国。

它以苦荞面粉为主要原料，加红糖、白糖、菜籽油、猪油、鸡蛋、白矾、苏打、白碱、火腿、玫瑰糖、桃仁、芝麻、瓜条、椒盐等多种配料制成。制作工艺是先用细筛筛出最细的荞面，按一定的比例加红糖、鸡蛋、菜油及少量白矾、苏打、白碱等拌匀。馅料主要是小豆，其次是芝麻、玫瑰糖、瓜条、红糖和熟菜油。

制作时先将红糖加入适量的水煮沸，另外加入菜油，再一次煮沸，然后加入白碱、苏打、白矾混合均匀后，放入荞面、鸡蛋，拌好放在案上晾 1d 左右，直到面料完全凉透为止。准备馅料时，要将红小豆煮烂，洗成沙，加入红糖，煮至能成堆时，加入熟菜油出锅，最后包心、压模、烘烤至皮酥黄即成。其形状有扁圆和扁方形两种，正面刻有清晰花纹，由于其颜色金黄，又被称之为金酥。

225. 荞麦碗托如何制作?

碗托（也叫碗团），顾名思义是将荞麦面制成的糊放入碗中，上笼蒸熟晾凉后，拔出一个和碗形状相似的“托”来。尤其以柳林碗团、平遥碗托和保德碗托颇负盛名。荞面碗托质地精细、柔软、光滑、细嫩，清香利口，风味独特，为山西风味小吃之上品。

各地制法大体相同，细节略有差异。

陕北碗托的制法：①先将荞麦上碾去净皮，再将荞麦仁用清水浸泡 1h 左右捞出，用净布擦尽水分，搓去荞麦仁外皮，使其洁白如玉，再次浸泡 1d，直至泡胀发软。用手磨连麦带水研磨成浆，细箩过滤，清出粉渣，变为洁白细浆。②将稀浆放盆内，让其自然沉淀，待全部沉淀，面水分清后，去尽浆水，晾干成淀粉备用。③将荞麦淀粉加水和成面团，蘸水扎软，边加水边扎，直至搅成稀糊糊。约 500g 淀粉需加水 2 000g 左右，然后将稀糊糊舀入碗内，上笼蒸熟，取出晾凉即成碗饦。食时切条，调以酱油、醋、盐、芥末、辣椒油、蒜泥、葱花即可食用。

山西碗托的制法：和面→打糊→熟化（蒸制）→脱碗→现食或包装。荞麦面粉内加入适量的食盐、姜粉，用凉水和为硬面团，然后稍加冷水，揉为均匀的面条硬度，再不断用力揉搓，使其盘“性”，亦称饧面。待面团饧好后，滴加凉水搓揉面团，使其稀释，变成稠糊糊，再滴加水并朝同一方向不断搅动稀释，直到面糊能挂住勺碗边沿。先将碗置锅内蒸热，再擦去碗内汽水，将面糊舀入碗内，上锅，以大火猛蒸，20min 左右即熟。趁热取碗出锅，把未凝的糊糊均摊到碗内边沿，置阴凉处自然冷却，即成碗托。

226. 苦荞饼干如何制作？

苦荞饼干制作工艺如下：

基本配方：面粉、苦荞粉各 100g，蛋白糖 0.08～0.14g，木糖醇 3～4g，食用油 6～12g，无糖奶粉 2～4g，鸡蛋 25g，食盐 0.8～1g，小苏打 0.6～0.8g，碳酸氢铵 1～1.5g，焦亚硫酸钠适量，酵母 0.03～0.04g，饼干松化剂 0.03～0.04g，香精适量。

工艺流程：选粉→过筛→第一次调制面团→发酵→第二次调制面团→静置→面片压延→成型→烘烤→冷却→整理→包装→成品。

操作要点：

（1）原辅料预处理 将苦荞粉、面粉、糖粉、奶粉过 40 目筛，计量。

（2）面团的调制 将食用油、小苏打、碳酸氢铵、焦亚硫酸钠、酵母、香精、食盐、饼干松化剂分别计量，将鸡蛋去壳计量，一同加入一定量的温水中搅匀，用搅匀的水将面粉、苦荞粉调成半干状面团。

（3）辊轧成型 将上述面团放入压面机中辊轧 6～7 次，至表面光滑整齐。将烤盘涂油，再将面片置入，压平，用刀具切割成型。

(4) 烘烤 将烤盘置入远红外线烤箱中，200℃，烘烤5min。

(5) 冷却包装 自然冷却到40℃，将成品装入包装袋中，用塑料热封机封口。

苦荞面的添加量在30％以上时面片质量较差，需要多次辊轧成型。苦荞面添加量低于30％对面片质量影响不大，从健康的角度考虑，苦荞面与面粉的比例应不低于4∶6。

227. 苦荞沙琪玛如何制作？

沙琪玛作为传统点心深受广大消费者喜爱，以苦荞为原料制作沙琪玛，不仅风味独特，还具有极高的营养价值，开发苦荞沙琪玛具有广大的市场前景。

配方：沙琪玛专用粉、苦荞粉、鸡蛋、谷朊粉、麦芽糖醇、油脂、食用香精等为主要原料。

主要设备：搅拌机、组合压面机、循环油炸机、拌糖旋转锅、定型分割机、自动包装机等。

工艺流程：打蛋→配料→和面→初次醒发→揉压切条→初压→复压→油炸→熬糖→秤重→拌糖→铺板→成型→预冷→分切→检查→包装→储存。

操作要点：

(1) 打好的蛋液要在冰柜中冷藏6h以上。

(2) 按沙琪玛专用粉∶苦荞粉∶鸡蛋∶谷朊粉＝1∶0.4∶0.5∶0.1配料。

(3) 和面前要检查并清洁和面箱，检查原辅料的保质期。

(4) 控制温度18～20℃，相对湿度65％，密闭醒发1h。

(5) 揉压并将面团切成一定体积的立方体，再卷成实心桶装。

（6）初压成 8mm 厚度用玉米淀粉间隔。

（7）复压并且成面条状。

（8）油炸要严格控制油炸时间及油温在 165～175℃之间。

（9）熬糖要严格控制糖水比及炉温和时间。

（10）严格按配方要求秤重。

（11）拌糖要掌控好时间。

（12）铺板并整形。

（13）铺好板后自动复压成型。

（14）预冷时间及温度根据设备的不同，要求的参数也需及时调整。

228. 萌动荞麦醋是如何加工的?

萌动荞麦醋根据专利技术“一种提高荞麦中功效活性成分的方法”（ZL200810079533.8），对苦荞原料进行萌动活化处理后，采用生料发酵与山西陈醋传统工艺相结合，精工细酿而成。该产品在保留山西醋特色品质的基础上又融合了荞麦的营养保健特性，其中 γ-氨基丁酸、D-手性肌醇含量比市场上现有产品的相对含量分别提高 3 倍和 10 倍以上，从而使其在抗氧化、软化血管、抗血栓、调节血脂等方面的生理功效明显增强。

工艺流程：荞麦→清杂→浸泡→发芽萌动→活化处理→晾干→粉碎→加大曲酒精发酵→醋酸发酵→养醅→淋醋→晒醋→灭菌→包装→产品。

操作要点：

（1）原料发芽萌动 荞麦经清杂、水洗后，用 40℃温水浸泡，静置 2h 后，转入发芽转桶，原料萌发至芽长 5mm 左右。其间每隔 8～10h，清水冲洗 1 次。萌芽荞麦用乙醇溶液活化处理，再经 40℃热风干燥后备用。

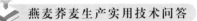

(2) 粉碎 生料的组织结构比较坚硬，不利于微生物活动，因而在生料制醋过程中，需将原料粉碎成粉状。原料粉碎细度对于生料的发酵非常重要，本工艺要求粉碎细度以30目100%通过，40目70%通过，60目50%通过为最好。如果粒度过大，淀粉不易尽快吸水膨胀，而且生淀粉与水和糖化酶的接触面相对减少，从而减弱酶解能力，影响淀粉的利用率，但原料粒度过小，则影响淋醋，降低产量。

(3) 酒精发酵 原料配比为（以粉碎后的发芽萌动荞麦粉为基准）：20%甜荞麸皮，20%小麦麸皮，60%大曲，一定量的糖化酶和酵母，300%的水。充分搅拌后进行边糖化边发酵，室温控制在25～30℃，料温28～33℃，每日早晚各翻拌一次，前3d为敞口发酵，然后密闭进行厌氧发酵18d。发酵结束后，要求酒精度达到10%～15%，酸度在0.5～1.0g/100mL之间。

(4) 醋酸发酵 将发酵好的酒精缸打开，充分搅拌均匀。按酒精液重量加30%的小麦麸皮、10%的甜荞麸皮、30%的谷糠，先把小麦麸皮、甜荞麸皮、谷糠翻拌均匀，再把酒精液倒在其上翻拌均匀，不得有结块。质量要求：水分含量60%～65%，酒精度5.0%～6.0%。然后移入醋酸发酵缸内，将缸里料收成锅底形后接火醅。每天早晚进行翻醅，翻醅时要做到有虚有实，虚实并举，注意调醅。醋酸发酵的醅子在3d内争取90%左右达到38～45℃。根据醅子的自然升温情况，灵活掌握翻拌办法，即品温高的翻得重一些，品温低的翻得轻一些。还要相互调整品温高和品温低的醅子，争取所有的发酵醋醅都能升温均匀一致。当醋酸发酵8～10d时，品温自然下降，说明酒精氧化成醋酸的酿制过程基本完成。

(5) 养醅 将成熟的醋醅移到大缸内装满压实，并用塑料布封严，密封陈酿30～45d，不进行熏醅工艺处理。

(6) 淋醋 淋醋要做到浸到、闷到、细淋、淋净、稍要分清

（头稍、二稍、三稍）这几个要素。将淋好的醋，放入陈酿缸内，在日光玻璃房内进行晒醋，使半成品醋的挥发酸挥发、水分蒸发，酸度达到6°以上，再进行调配、灭菌、检测、包装，即制得成品。

229. 威宁小粑粑是如何制作的？

威宁小粑粑是庙会上的一种特色食品，表面软和，底面焦黄香脆，且馅的香味十分诱人。制作方法：

（1）馅子准备 把火腿、笋子、豆腐、腌菜、葱、姜、蒜、辣椒用刀剁碎，放适量的花椒粉、五香油、食盐、味精、香油进行搅拌。同时，酱油要一点一滴地慢慢加入，用油锅炒好作为馅。

（2）面团准备 将2/3量的荞麦面粉放入容器中，用手挖一个凹槽，再将水慢慢倒入。两手用力抓捏面粉，揉成面团，撒上剩余的1/3量荞麦面粉，将面团放在桌上用力来回揉捏，揉至表面光滑为止。

（3）面皮准备 用刀将面团切分成数块，并搓成圆条状，再用刀切分成约2cm长的小块，整理成圆形后，用手掌将每一小块压成圆饼状，然后用擀面杖擀成薄厚均匀的面皮。

（4）包馅 包馅时，馅要饱和，不能出水，馅不能沾到小粑粑皮的外缘，包好后要确定不漏气。

（5）烙粑粑 将小粑粑放进锅里，围成几圈，锅底放点水，盖紧锅盖，不让漏气，直到锅里水烧干，稍过片刻，小粑粑里面的油浸了出来，锅底吱吱直响，这时起出，小粑粑也就做好了。

230. 为什么荞麦粉很白，但荞麦食品颜色都比较深？

荞麦粉碎后的颜色为白色，可是，加水和面后，颜色就变得特别深了。添加到其他面粉中做成荞麦面条、荞麦馒头等食品后，颜色也同样较深。荞麦面粉是白的，为什么做成的食品却是深色的呢？

荞麦面粉的淀粉结构与其他面粉不同。荞麦淀粉多呈多边形，有少量球形和椭圆形，且球形和椭圆形的淀粉颗粒粒度多小于多边形。这样结构的淀粉吸水后，光学特性发生变化（吸光率和折射率都不同），所以，荞麦面团或荞麦食品就变成深颜色了。当然，荞麦中较为丰富的纤维也是荞麦食品呈较深颜色的重要原因。在日本等地，民众判断荞麦面条中荞麦添加量的一个标准就是荞麦面条的颜色。颜色越深，可能添加的荞麦面比例越高，也就越健康，售价也相应地会高一些。

231. 荞麦中蛋白质含量也很高，为什么做面条或者馒头时要加面粉？

荞麦的蛋白质含量在8.51%～18.87%之间，普遍高于常见的谷物如大米、小米、小麦、高粱、玉米面粉等。特别是我国内蒙古地区种植的荞麦，蛋白质含量普遍较高（多在17%以上）。但是，加工荞麦面条或馒头时，却一定要加入适当比例的小麦面粉才能得到劲道的面条或者较松软的馒头。

这主要是因为虽然荞麦蛋白质含量较高，富含清蛋白和球蛋白（含量占比达80%），但却仅含有少量醇溶蛋白和谷蛋白，荞麦中（清蛋白＋球蛋白）∶醇溶蛋白∶谷蛋白∶其余蛋白质之比为（38～44）∶（2～5）∶（21～29）∶（28～37）。荞麦蛋白质的组分与小麦粉差异较大，其中水溶性清蛋白的含量较高，达到31.8%～42.3%；谷蛋白含量次之，达到25.4%～26.1%；醇溶蛋白含量最低，为1.7%～2.3%。高含量的清蛋白、球蛋白，低含量的醇溶蛋白、谷蛋白表明，荞麦蛋白质更接近于豆类植物蛋白。而且，荞麦的谷蛋白与醇溶蛋白的结构与小麦面筋蛋白不同，导致其无法形成面筋网络结构。因此，加工荞麦食品时，需要加入一定量的面粉（高筋面粉较佳）。荞麦种子中缺少面筋，这也是荞麦面条与普通挂面比较不筋道的原因。

最近几年，我国燕麦荞麦现代农业产业体系岗位专家通过杂交育种培育出了系列薄壳苦荞新品种，不仅果壳薄易于脱壳，而且谷蛋白含量显著增加，面粉品质显著改善，在制作面包、馒头、面条等食品时可以少加小麦粉或不加小麦粉也能获得良好的纯荞麦产品。

232. 家庭怎么制作荞麦馒头?

除了以荞麦粉代替部分面粉外，家庭制作荞麦馒头的做法与普通馒头做法相同。荞麦面缺乏面筋，因此，荞麦面团的韧性和弹性都比较差，起发的效果不好，做荞麦馒头时，要加适量强筋面粉。面粉与荞麦粉的比例以 3∶2 或者 3∶1 较好。为了进一步加强筋力和起发性，可以在和面时加入适量的鸡蛋。另外，因为起发性较差，所以酵母的添加量要适当地加大（100g 面粉和荞麦粉添加酵母 5 克，是普通的白面馒头的 4～5 倍）。为了增加松软度，还可以加入适量的泡打粉和糖。将所有配料加水和成稍硬的面团，在 40～50℃下醒发 1h 左右。然后把面团揉成馒头形，再醒发 10min 左右。待馒头胚子起发到一定体积后大火蒸 15～20min 即可。

233. 家庭怎么制作荞麦面条?

在家里制作荞麦面条并不难，在面粉中添加一定量的荞麦粉，和面、压片、切条就可以了。但要掌握两个原则：一是荞麦粉的添加量不要过多，一般以添加 20%～30%为宜。如果添加量过多，面条的筋道会受到明显的影响。二是为了保证荞麦面条的筋道和口感，可以选用面筋含量稍高或面筋稍强的面粉，如饺子粉、麦芯粉、面包粉。而一般不添加荞麦粉时，选择中筋粉或中高筋粉就足够了。

制作荞麦面条时，选用新鲜的荞麦，用石磨磨制荞麦粉，对提高荞麦面条的品质有很大帮助。陈化的荞麦粉，不但荞麦风味不足，而且生产的荞麦面条更脆而易断条。

234. 怎么挑选荞麦粮食？

挑选荞麦时，应挑选籽粒饱满而完整，没有破碎粒和杂质，大小均匀、有光泽的袋装荞麦。籽粒饱满的荞麦成熟度高、功能营养成分含量高；破碎粒和杂质少的荞麦清选程度高、灰分和杂菌含量低；外观大小均匀一致、有光泽的荞麦新鲜度较高，品质较好。因为荞麦的营养品质与储藏条件、新陈度等有很大关系，所以要选择距生产日期较短的新鲜荞麦。不同产地的荞麦，其品质也有一定差异。我国内蒙古、河北、山西、陕西、宁夏、甘肃等地生产的荞麦品质在世界上都是非常有名的。

荞麦容易氧化变质，家庭采购荞麦时一定要选不带壳、麸皮为浅绿色的荞麦米。外观绿色的荞麦米新鲜度较高，随着储存时间的延长，荞麦种子麸皮中的叶绿素被氧化，会慢慢地变成浅褐色。

荞麦在储藏过程中品质劣变较快，因此没有吃完的荞麦应该用密实袋密封后放入冰箱冷藏或冷冻、避光保存。

235. 怎么挑选苦荞茶？

苦荞茶的种类很多，价格差异也很大。如何挑选一款合适的苦荞茶呢。

首先，要看苦荞茶的外观。外观整齐、破碎粒少、色泽金黄的苦荞茶较佳。

其次，闻其味。苦荞茶经过高温焙炒，有谷物特殊的清香。抓一把苦荞茶闻闻味道，有谷物的焙炒香，而没有焦煳味的苦荞茶加工工艺较佳，品质较好。

最后，观其汤色尝其味道。苦荞茶的优劣还体现在其汤色和口感上。汤色越黄亮、清澈，则苦荞茶越好。苦荞茶的黄亮颜色主要是黄酮类成分，热水冲泡容易溶出，冷水则很难冲泡出黄酮。

236. 怎么挑选苦荞冲调粉？

苦荞冲调粉作为一种对糖尿病人控制餐后血糖有益的食品，近些年来受到越来越多人的喜爱。苦荞冲调粉的正常色泽为暗黄色，而且芦丁等黄酮类物质的含量越高，其色泽应该更黄。所以，选择苦荞冲调粉时，肯定不能选择色泽偏白的。

苦荞冲调粉多经过挤压膨化和焙炒，应该有一种自然的淡香。如果有较浓的香气，则可能添加了香精。如果有焦煳味，则可能在生产过程中工艺控制不佳。这些有不良风味的产品都应该避免选择。

另外，苦荞粉的淀粉和纤维含量较高，冲泡性不好，通常要通过造粒来改善冲泡性。造粒后的苦荞粉呈麦乳精状的多孔细小颗粒。如果是没有造粒的苦荞冲调粉，则应该用少量热水（80℃左右）将苦荞粉冲调成浓的糊状，然后再加入开水冲调到喜欢的浓度。如果直接用开水冲泡，很容易形成白芯的细小淀粉颗粒，而无法完全糊化。

237. 储藏条件对荞麦品质有影响吗？

刚收获的荞麦籽粒皮壳颜色为棕黄色，相应荞麦米颜色为淡绿色，具有荞麦独有的香味。但在储藏过程中它会逐渐变成红褐色，并且这种色泽的变化通常伴随有酸败味的产生。这对于消费者来说是不能接受的。绿色的、没有变味的新鲜荞麦在市场上的价格也较高。因此，保证荞麦在储藏过程中的颜色、气味等加工品质对荞麦的生产应用有着重要意义。

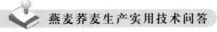

荞麦种子色度受储藏时间、温度和水分等因素的影响。叶绿素的损失和褐变的产生是荞麦种子颜色变化的主要原因。随着温度升高、光照及储藏时间的增长，叶绿素的含量逐渐下降，褐变程度迅速增加，造成粒色改变。温度较高、湿度较大的储藏条件导致叶绿素损失加快，粒色变深；而在低温、低湿度、避光的环境下，则不明显。储藏温度和荞麦水分含量对荞麦色度的变化影响较大，而储藏时间和包装条件对色度变化的影响不明显。在储藏温度为40℃、苦荞麦水分含量为16％时，储存20d后苦荞麦的颜色变化最明显。这说明苦荞麦在干燥（水分含量12％）、低温环境条件下储藏，有利于苦荞麦原色度的保持。

还有研究表明，苦荞籽粒在高湿条件下存放，其芦丁含量下降较快（由开始的7.15mg/g降低到1个月后的5.31mg/g），但温度对其含量变化无显著影响。空气湿度大于75％时，放置2月已出现霉变现象。

238. 怎么磨荞麦粉？

荞麦中的挥发性成分极易挥发和氧化产生不良气味。因此，对于荞麦食品来说，磨制荞麦粉的温度就特别重要。用钢磨或者普通小麦制粉机磨制荞麦面，温度特易上升，最高可超过80℃。这样的条件对于提高荞麦粉品质是非常不利的。

为了解决这一问题，可以采用石磨来磨制荞麦粉。石磨磨制时，每分钟转速控制在30转以内，荞麦面粉的温度基本与环境温度相同，可以有效地提高荞麦粉品质，保留荞麦特有的风味物质。荞麦粉磨制后应该尽快用于生产。如果长时间不用，应该用密封袋封好后低温、避光保存。

荞麦食品生产过程中，非常重要的就是“新鲜”。荞麦需要新鲜，荞麦粉需要新鲜，荞麦食品也尽可能新鲜，这样不但口感和风味较好，而且对健康有利的物质也保留更多。

239. 怎么保存荞麦粉?

新鲜荞麦具有独特的香气，储藏时间较长的荞麦会失去这种气味。荞麦的独特气味来源于其含有的挥发性化合物，包括醇、醛、酮、酯、醚、芳香碳水化合物等。研究发现，室温下储藏时间较长的荞麦样品中挥发性物质明显下降。这与荞麦中脂类物质有着密切关系。荞麦中脂肪酸在酶或非酶氧化下产生饱和或不饱和醛等次级代谢物质是其风味变质的主要原因。

荞麦籽粒中的脂肪酸主要有软脂酸、硬脂酸、油酸、亚油酸、亚麻酸、花生酸等。不同荞麦品种间油酸和亚油酸含量的显著差异表明，亚油酸为高度不饱和脂肪酸，比油酸更易被氧化，所以高含量亚油酸的荞麦品种更难保存。

储藏时间较长的荞麦样品中游离脂肪酸含量升高，而甘油三酯含量降低，可能是脂肪酶在起作用。储藏过程中，荞麦中自由脂肪酸的积累主要是脂肪酶作用的结果。脂肪氧化酶广泛存在于植物体内，催化脂质氧化。与其他植物相比，荞麦中的脂肪氧化酶活性较低，但在长期的储藏过程中足以导致风味的变质，该过程会因为脂肪分解酶的作用而加强。另外，制粉是谷物常用的加工方式，磨制的荞麦粉室温下在很短时间内就会损失大量的挥发性物质。除了量的变化外，挥发性成分也发生了变化，其中醛类物质明显增多。

不同温度和湿度条件下，储藏过程中苦荞籽粒中芦丁的变化受水分活度影响显著。因此建议收获后的苦荞籽粒干燥至其水分含量14%以下，储藏在相对干燥的低温环境中，利于品质保存。

鉴于荞麦在储藏过程中的品质变化，可采取相应的控制措施。荞麦种子应存储于低温低湿的环境下（温度：3℃；相对湿度：17%～19%），磨制的荞麦粉立即冷冻起来可以防止挥发性成分的损失。荞麦在储藏过程中产生的脂肪酸多为不饱和脂肪酸，如亚油酸、亚麻酸，它们是脂肪氧化酶作用的最佳底物，这是样品中饱和、不饱和醛形成以及含量增加的主要原因。因此可通过控制脂肪酶和脂肪氧化酶的活性来防止脂肪酸败。采用适当的方式如灭酶，可减缓粒色和风味的改变。有研究表明，真空包装能有效地抑制荞麦储藏期间游离脂肪酸浓度的增长，如真空度保持在 80kPa 以上时，其游离脂肪酸浓度下降为同期常规储藏的 42%左右。在荞麦的色泽保持方面，避光条件下，真空袋装能很好地保持荞麦米原有色泽，但在光照条件下，它的护绿效果却很不明显，只略好于常规储藏。由此可见，真空袋装方法抑制了荞麦呼吸的强度、霉菌的繁殖以及脂肪的氧化，从风味方面保持了荞麦的品质。

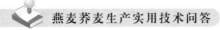

240. 不同加工方法对荞麦营养与健康作用有影响吗？

不同加工方式对芦丁和槲皮素含量的影响不同，发酵方式对荞麦中芦丁、槲皮素的影响最大，油炸次之，而煮制方式对芦丁、槲皮素的影响最小。荞麦饸饹的芦丁含量相对于其他制品较高，可能是因为饸饹采用煮制熟化时的加热时间短，且温度相对较低，对芦丁的影响较小。苦荞醋中芦丁、槲皮素含量均最低，可能是因为长时间的发酵过程不适合芦丁、槲皮素的存在，而使其发生分解变化，导致其含量的减少。

不同加工方式所得制品的功能特性差别较大。发酵和煮制加工方式所得荞麦制品对 DPPH 自由基的清除作用均较强，而蒸、烙加工方式较弱，油炸加工方式最弱。饸饹中的芦丁含量较高，从而使得其对 DPPH 自由基的清除活性和总抗氧化能力均很高，而苦荞醋中芦丁和槲皮素含量都较低，但对 DPPH 的清除活性和总抗氧化能力却最高，原因可能是苦荞醋中的其他发酵产物具有抗氧化作用。焙烤和油炸加工方式所得制品的抗氧化性较低，可能是由于这些加工方式加热熟化的时间长或加热温度过高，破坏了制品中的抗氧化成分，从而导致其具有较低抗氧化性。因此，在荞麦制品加工时，应尽量避免利用焙烤和油炸，而宜采用煮制加工，以使荞麦制品中功能成分含量处在较高水平。

附录1：燕麦田间试验的调查记载项目及标准

生育期

1. 播种期：实际播种的日期，以月/日表示。如同一试验虽在同一天内没有播完，但相距时间不超过一天时，仍以开始播种的日期为播种期。

2. 出苗期：全试验区有50%以上的植株第一片子叶露出地面时为出苗期，以月/日表示。

3. 出苗整齐度：目测，分整齐、中等整齐、不整齐三级。

4. 分蘖期：全试验区有50%以上的植株，第一分蘖露出叶鞘时为分蘖期，以月/日表示。

5. 拔节期：全试验区有50%以上的主茎植株，第一节露出地面1.5cm时，为拔节期，以月/日表示。

6. 抽穗期：全试验区有60%的植株顶部4~6个小穗露出旗叶时为抽穗期，以月/日表示。

7. 开花期：全试验区有50%以上的植株顶部4~6个小穗开花时为开花期，以月/日表示。

8. 乳熟期：全试验区有50%以上的植株穗的上中部籽粒，经挤压流出乳状浆液时为乳熟期，以月/日表示。

9. 蜡熟期：全试验区有50%以上的植株穗的上中部籽粒为浅黄色并呈蜡质状态时为蜡熟期，以月/日表示。

10. 完熟期：全试验区绝大部分植株籽粒变硬，手搓不碎，并表现应有的大小和色泽时为完熟期，一般以完熟期为成熟期的记载，以月/日表示。

11. 成熟整齐度：分齐、中、不齐三级记载。

12. 生育期：出苗至成熟期的日数，以 d 表示。

13. 收获期：当穗下部的大部分籽粒进入蜡熟时即可收获。正式开始收获的日期为收获期，以月/日表示。

14. 熟期类型：分极早、早、中、晚、极晚五种类型。

极早熟：生育期 75d 以下；

早熟：生育期 76～85d；

中熟：生育期 86～95d；

晚熟：生育期 96～105d；

极晚熟：生育期 106d 以上。

植物学特征

1. 幼苗习性：分匍匐、半匍匐、半直立、直立四种类型记载。

2. 幼苗颜色：分浅绿、绿、深绿三种，在分蘖期记载。

3. 株高：燕麦成熟时地上植株基部至穗顶端的高度，以 cm 表示。

4. 有效分蘖：燕麦分蘖中结实形成产量的分蘖数，以个表示。

5. 旗叶长度：旗叶叶尖至叶鞘的长度，以 cm 表示。

6. 旗叶宽度：旗叶叶片最宽处的宽度，以 cm 表示。

7. 旗叶角度：旗叶与茎秆夹角的角度，分为锐角、中等、钝角。

8. 旗叶硬度：旗叶叶片的硬度，比较硬的叶片不弯曲。分为弯、稍弯、挺直。

9. 叶鞘茸毛：叶鞘是否有茸毛和茸毛多少，分为无、少、中、多。

10. 叶缘茸毛：叶片边缘是否有茸毛和茸毛多少，分为无、少、中、多。

11. 茎粗：燕麦主茎地上第二节间中部的粗度，以 mm 表示。

12. 茎节茸毛：茎节是否有茸毛和茸毛多少，分无、少、中、多四类。

13. 茎叶蜡质：抽穗期茎秆和叶子上是否有蜡粉或蜡粉多少，分无、少、多三类。

14. 茎秆颜色：成熟期茎秆的颜色，分绿、黄、紫三种。

15. 茎节数：抽穗后茎秆具有的节数，以节表示。

16. 穗下茎长度：成熟时穗下茎的长度，以 cm 表示。

17. 穗长：穗的长度，以 cm 表示。

18. 穗色：成熟时穗的颜色，分为白、黄、褐三种。

19. 穗型：抽齐穗至成熟阶段穗子的形状，分为侧紧、侧散、周紧、周散四类。

20. 小穗形：灌浆阶段小穗的形状，分纺锤形、串铃形、鞭炮形三类。

21. 穗直立性：穗颈部弯曲程度，分为直立、半直立、下垂三类。

22. 小穗直立性：小穗颈部的弯曲程度，分为直立、半直立、下垂三类。

23. 小穗数：每穗的结实小穗数，以个表示。

24. 不育小穗数：每穗的不结实的小穗数，以个表示。

25. 小穗粒数：每小穗结实的粒数，以粒表示。

26. 穗轮层数：穗上轮生分枝的层数，以层表示。

27. 芒性：燕麦穗有无芒和芒的强弱，分无、弱、强三类。

28. 芒型：芒的类型，分挺直、弯曲两种。

29. 芒色：芒的颜色，分白、黑两种。

30. 籽粒皮裸性：燕麦种质资源的籽粒是否带皮（稃），分为带皮和裸粒。

31. 内稃色：内稃的颜色，分白、黄、褐、黑四种。

32. 外稃色：外稃的颜色，分白、黄、褐、黑四种。

33. 籽粒形状：籽粒的形状，分为长筒形、纺锤形、椭圆形、卵形四种。

34. 籽粒颜色：籽粒的颜色，分为白、黄、红、褐、黑五种。

35. 籽粒茸毛：籽粒基部是否有茸毛和茸毛多少，分为无、少、中、多四种。

36. 籽粒饱满度：籽粒的饱满程度，分为不饱满、中等、饱满三种。

生物学特性

1. 耐肥性：分耐肥型、中间型、耐瘠型。

2. 耐寒性：在冻害发生 5d 后，目测叶尖和叶片的枯黄程度，分强、中、弱三级，并注明冻害发生日期和低温情况。

3. 耐旱性：于温度高时记载叶片萎蔫程度，分强、中、弱三级。

4. 耐湿性：于多雨年份观察记载，分强、中、弱三级。

5. 耐盐性：在盐碱地或咸水漫灌试验时观察，分强、中、弱三级。

6. 抗落粒性：成熟时以手搓法鉴定，分难（手搓压不易落粒）、中（手搓压出现落粒）、易（触动麦穗极易落粒）。

7. 熟相：成熟时田间目测，分金黄、白黄、白灰三种。

8. 抗病性：对当地燕麦主要病害，如黑穗病、红叶病、锈病等的抵抗性。根据在发病严重年份的表现，分免疫、高抗、中抗、轻感、重感五级。经抗性鉴定的，可用发病率和发病指数表示。

9. 抗虫性：一般用被害率（%）表示。

产量结构

1. 有效穗数（万/亩）：收获前每小区取样点 2 个（大区或大田取 3～5 点），每点 1.0～2.0m^2 数清每点穗数，换算成每亩有效穗数。

$$有效穗数（万/亩）=\frac{样点内穗数}{样点面积}\times 666.67$$

2. 穗粒数：随机取有代表性的穗 10～20 穗，分别统计后求其平均数。

3. 穗粒重（g）：随机取有代表性的穗 10～20 穗，脱粒干燥后称其重量，求其平均值。

4. 千粒重（g）：随机取样，数完整粒 1 000 粒称重，重复两次，求其平均值。

5. 小区产量（kg）：脱粒干燥后称其小区产量。

6. 亩产量（kg）：根据试验区实际产量折算出亩产量。

附录 2：荞麦田间试验的记载标准

田间记载

涉及物候期、形态特征和生育动态、抗逆性、病虫害等。

1. 物候期指标

出苗期：全区有 50%以上的植株子叶露出地面展开时为出苗期，以月/日表示。

开花期：全区有 50%以上植株开花时为开花期，以月/日表示。

成熟期：当有 70%的籽粒变黑时为成熟期，以月/日表示。

全生育期：播种至成熟期的日数，以 d 表示。

2. 形态特征及生育动态指标

成熟期亩株数：成熟期在小区内选取有代表性的样点，大小 $1m^2$，数其苗数，两次重复，求其平均值，折算成亩株数，以万株/亩表示。

主茎分枝数：主茎具有的分枝数，以个表示。

主茎节数：抽穗后茎秆具有的节数，以节表示。

株高：从地面至花序的顶端的高度，以 cm 表示。

3. 抗逆性指标

(1) 耐旱性 发生旱情时，在午后日照最强、温度最高的高峰过后，根据叶片萎缩程度分五级记载。

“1”：无受害症状；

"2"：小部分叶片萎缩，并失去应有光泽；

"3"：叶片萎缩，有较多的叶片萎缩，并失去应有光泽；

"4"：叶片明显卷缩，色泽显著深于该品种的正常颜色，下部叶片开始发黄；

"5"：叶片明显萎缩严重，下部叶片变黄至变枯。

（2）抗倒伏性 分最初倒伏、最终倒伏（日期及累计倒伏程度、面积）两次记载，以最终倒伏数据进行汇总。

"1"：不倒伏；

"2"：倒伏轻微，植株倾斜角度小于30°；

"3"：中等倒伏，倾斜角度30°～45°；

"4"：倒伏较重，倾斜角度45°～60°；

"5"：倒伏严重，倾斜角度60°以上。

4. 病虫害指标

（1）轮纹病发生的普遍率、严重度。

（2）立枯病发生的普遍率、严重度：一般在出苗后半月左右和盛花期分别统计发病率。每小区随机取3行，统计病株所占比率。

（3）其他病虫害的普遍率、严重度，如霜霉病、病毒病、白霉病、蝼蛄、地老虎、钩刺蛾、红蜘蛛等。其中，普遍率的测量方法为：每小区随机取3行，统计病株所占比率；严重度的测量方法为：每小区随机取3行，目测大多数病叶上病斑占叶面积的百分比。虫害的统计方法类似。

室内考种

涉及下列参数：

1. 株粒数 在每小区中随机选取10株，分别数其粒数，求得平均每株粒数。

2. 种子千粒重 选典型种子，数1 000粒进行称重，重复两次，其平均值即为种子千粒重。

3. **米粒千粒重** 选典型荞麦种子 1 000 粒，经人工敲碎去壳后称重，即为米粒千粒重。

4. **果壳率** （1－米粒千粒重/种子千粒重）×100%；

5. **种子产量** 以种子重量计算的产量。

6. **米粒产量** 扣除果壳率换算的产量，即米粒产量＝种子产量×（1－果壳率）。

7. **种子颜色和形状** 记载典型种子的颜色，如灰、黄、黑等。形状分为短、中长、长。种子长度和宽度相当（长/宽＜1.2），则为短粒；种子长度大于宽度（长/宽＝1.2～1.6），则为中长粒；种子长度远大于宽度（长/宽＞1.6），则为长粒。

8. **杂粒率** 随机取 1 000 粒种子，分别统计典型籽粒、杂粒数目，计算杂粒比率。

图书在版编目（CIP）数据

燕麦荞麦生产实用技术问答 / 任长忠，田长叶，陈庆富主编．—北京：中国农业出版社，2022.6
（高素质农民培育系列读物）
ISBN 978-7-109-28612-2

Ⅰ. ①燕… Ⅱ. ①任… ②田… ③陈… Ⅲ. ①燕麦—栽培技术—问题解答 ②荞麦—栽培技术—问题解答 Ⅳ. ①S512.6-44 ②S517-44

中国版本图书馆 CIP 数据核字（2021）第 151202 号

中国农业出版社出版
地址：北京市朝阳区麦子店街 18 号楼
邮编：100125
责任编辑：孟令洋　郭　科
版式设计：杜　然　　责任校对：沙凯霖
印刷：中农印务有限公司
版次：2022 年 6 月第 1 版
印次：2022 年 6 月北京第 1 次印刷
发行：新华书店北京发行所
开本：880mm×1230mm　1/32
印张：8.5
字数：280 千字
定价：40.00 元
